零基础 学养殖

轻松学养獭兔

獭兔养殖入门，看这本就够了！

文 斌 主编

中国农业科学技术出版社

图书在版编目（CIP）数据

轻松学养獭兔 / 文斌主编 .—北京：中国农业科
学技术出版社，2014.6
ISBN978-7-5116-1584-8

Ⅰ.①轻… Ⅱ.①文… Ⅲ.①兔－饲养管理
Ⅳ.① S829.1

中国版本图书馆 CIP 数据核字（2014）第 059490 号

责任编辑　张国锋
责任校对　贾晓红

出 版 者　中国农业科学技术出版社
　　　　　北京市中关村南大街 12 号　邮编：100081
电　　话　（010）82106636（编辑室）（010）82109702（发行部）
　　　　　（010）82109709（读者服务部）
传　　真　（010）82106631
网　　址　http://www.castp.cn
经 销 者　各地新华书店
印 刷 者　北京富泰印刷有限责任公司
开　　本　880mm×1230mm　1 /32
印　　张　7.5
字　　数　230 千字
版　　次　2014 年 6 月第 1 版　2014 年 6 月第 1 次印刷
定　　价　24.00 元

编写人员名单

主　　编　文　斌

副主编　傅祥超　闫益波

编写人员

王丽焕　刘汉中　刘　宁　杜　丹

李连任　何贵明　余志菊　汪　平

张　凯　李　童　陈　琴　范成强

郭小林　简文素　李长强

前　言

　　本书以轻松学养獭兔的原则贯穿始末，从养獭兔入门需要了解的信息和条件，到掌握獭兔生产需要的环境、品种、营养与饲料、生产管理、兔病与药物对獭兔生产的影响与控制、獭兔适时出栏等方面的知识和技术进行了系统介绍。全书参考了多年来国内外獭兔研究领域的相关报道和研究成果，吸收了国家兔产业技术体系獭兔育种岗位、四川省家兔科技创新产业链和家兔育种攻关等项目的研究进展，采纳了国内部分养殖场生产管理的实践经验，考虑了獭兔从业人员的技术需求，既有利于指导初入獭兔行业者建场及生产管理，也有利于提升已从事獭兔养殖者的实际操作和管理水平，提高投资者或养殖场主抵御獭兔市场风险的能力，增加农民收入，促进我国獭兔产业可持续发展。

　　编者希望本书能够为从事或打算从事獭兔养殖的朋友，提供轻松掌握獭兔养殖技能的帮助。

　　参加本书编写的人员，大多是直接从事獭兔科研、开发、生产和推广的高中级科技人员，不仅有深厚的专业基础，还有丰富的实践经验。在撰写过程中，力求做到通俗易懂，操作性强，内容广泛。由于编写人员多，时间短，水平有限，书中难免有遗漏和错误，望广大读者提出宝贵意见。

编者

2014 年 2 月

目　录

第一章

养獭兔新手入门须知

第一节　我国獭兔产业的发展状况与趋势

一、我国獭兔市场状况

（一）我国獭兔业的地位

目前，獭兔的存栏量已大于 2 000 万只，年产獭兔皮 1 500 万张，居世界第一。近年来，我国对外开放的力度不断加大，世界兔皮加工重心已由发达国家转移至我国。由于我国獭兔皮工业的兴起，现在已由前些年出口原料皮，改变为出口獭兔裘皮服饰为主，我国已成为獭兔皮生产和加工大国。

（二）獭兔养殖及加工的分布状况

我国目前的獭兔养殖几乎遍及全国各地，但主产区分布在华北、华东、东北等地。近年来"东兔西移"现象明显，因我国国民经济的快速发展，东部沿海省份农民的年人均收入 5 000 多元，养兔的经济效益已不再明显，但对西部的一些省区来说，农民年均收入只有 1 000 多元，那里有丰富的饲草资源和富余的农村劳动力，常年干燥少雨，夏季气温不高，冬季也不太冷，非常适于獭兔的繁殖和生长。

目前，四川、山西、甘肃等省獭兔养殖猛增，獭兔养殖数量排在前

10名的省市依次为：山东、四川、河北、江苏、浙江、黑龙江、河南、安徽、山西省和重庆市。獭兔皮的交易市场集中在河北、广东和浙江3省。獭兔裘皮加工业主要分布在广东惠州、河北沧州和衡水、浙江海宁和桐乡、山东威海、北京等地，以民营企业为主。獭兔裘皮服饰仍以外销为主，主要贸易国有俄罗斯、日本、韩国、美国等，一件优质獭兔皮服装在国外可卖1 000~3 000美元，国内市场售价为3 000~5 000元人民币，效益可观。獭兔肉也是肉类中的上品，早已成为人们喜爱的盘中餐。

（三）獭兔龙头企业导航

我国獭兔的养殖模式仍然是以千家万户的小规模为主，这种模式可能还要持续相当长一段时间，也是适合我国国情的饲养模式。近年来，有一些实力雄厚的企业看好獭兔业，投巨资开发獭兔产业，这是一个好的兆头，为我国獭兔的产业化发展起到了领航作用。如江苏太仓金星獭兔有限公司、浙江宁波市兔业协会、浙江温州百纳獭兔养殖有限公司、黑龙江齐齐哈尔市隆亿食品有限公司獭兔场、山西襄汾晋獭兔业有限公司、吉林四平獭兔场、山东莱州獭兔研究所、陕西西安兔业研究所、陕西山川集团獭兔场、四川仪陇县养兔产业协会、河北临漳县临英獭兔公司、河北尚村华斯集团、天龙集团等獭兔龙头企业为我国獭兔的产业化发展作出了较大贡献，使我国獭兔产业的国际竞争力得到空前提高。

（四）地方政府高度重视

当前，獭兔养殖已经引起一些地方政府的重视，尤其是中西部地区在为农民增收选择项目时，一些地方政府把獭兔养殖作为一个亮点，出台优惠政策，引导组织农民养兔增收，为建设新农村发挥了重要作用。据笔者了解，江苏太仓、四川仪陇、山东莱州、河南魏县、山西襄汾、浙江宁波、安徽颍上、甘肃定西、吉林四平、重庆璧山等市县政府都十分关注獭兔的发展。这些地方政府的主要官员大都亲自领导和组织獭兔发展，说干就干，雷厉风行，制定发展目标，有的还层层立下军令状，纳入干部年终考核范畴。这些地方的农民养殖獭兔可以享受到政府的多项优惠政策，因此发展较快，效益也十分可观，成为当地农民增收的主导产业。

（五）产业集群基本形成

獭兔科研（包括饲料研究、兔病研究、疫苗研制、产品开发、市场调研等）、育种、商品兔生产、屠宰加工、运输销售的产业集群基本形成，产业链条逐步完善。近年来，中国科学院、中国农业科学院、江苏农科院、浙江农科院、安徽农科院、山东农科院等科研部门相继研制出"精准"兔用预混料、兔用疫苗、兔病特效药品等，陕西、河北、山东、浙江、上海等地的一些企业先后研制出节能环保兔笼，干进干出平磨、环磨颗粒饲料机，自动饮水器、消毒机、兔人工授精器械、耳号钳、耳标等，广东、河北、浙江、北京等地比较注重獭兔裘皮产品的开发，江苏、浙江的一些企业侧重于獭兔的育种工作，山东、四川、山西、河北的部分企业专门从事屠宰加工，东兔（良种獭兔）西奔、北兔（商品兔）南运的销售途径不可逆转，产业集群链条基本形成。

二、獭兔的产业优势

（一）符合国家的产业政策

獭兔是节粮型草食动物，不与人争地，不与畜争料，不破坏植被，不污染环境，属高效、环保、节能型产业，符合我国人多地少的国情，是 21 世纪的朝阳产业。獭兔适宜密集型饲养，每只种兔仅占 0.3 米^2，饲养技术易学，操作简易，管理方便，哪怕是老年人或轻微残疾人均能胜任饲养工作。獭兔养殖也符合我国大力发展畜牧业生产的产业政策，为传统的畜牧业结构调整增添了新的成员，比起养猪、养禽，养兔饲料成本低，饲料来源广，环境污染少，产品质量好，产出效益高。全国畜牧总站党委书记何新天深有感慨地说：小兔子、大产业；尾巴短、链条长；投资小、见效快；产品好、无公害；周期短、效益高；可治穷、可致富。

（二）适宜的环境优势

我国大部分地区属于温带和亚热带地区，南北各地均可饲养獭兔，獭兔属于皮毛动物，比较耐寒，在 –20℃安然无恙，气温在 30℃以下也可正常生长，獭兔繁育的适宜温度是 10~25℃，华东、华北、东北及西部广大地区饲养獭兔都获得了成功。

（三）效益优势

一只母兔一年可以繁殖 5~6 胎，每胎平均产仔 7~8 只。在技术成熟的情况下，年可出栏 30 只左右的商品兔，每只商品兔在一般情况下可盈利 15 元，一只母兔的年效益是 450 元，一个普通农村劳力可饲养管理 50 只母兔，可获纯效益 22 500 元，高于其他畜禽养殖。后续的深加工产品效益更高，是前端养殖的数倍。

（四）资源优势

我国是农业大国，农作物秸秆比比皆是，现代工业改变了农村风貌，以前靠农作物秸秆作燃料的农民大都用上了煤气或天然气，造就了每逢夏收或秋收时节，田地里燃烧秸秆形成的烟火缭绕景观，既浪费了资源，又污染了环境，而这些农作物秸秆又是养兔的好饲料，可以通过养兔变废为宝。为了保护生态环境，国家提倡退耕还林和种植牧草，为养兔提供了优质的饲草资源，山坡上的葛藤、田边地头的野草、谷物的下脚料、瓜果皮等都可以用来养兔，饲料来源广泛。

三、影响我国獭兔市场的因素

从裘皮商品的普遍属性和獭兔皮商品的某些特殊性方面分析，影响獭兔皮市场变化的因素有以下几个方面。

（一）品种质量良莠不齐

我国虽然是世界獭兔养殖大国，但良种覆盖率并不高，目前獭兔皮的合格率只有 30% 左右，这与前些年的炒种不无关系，一些不合格的种兔在养殖户安家落户、繁殖后代，导致现在大批不合格商品兔充斥市场。獭兔的毛皮质量与饲料营养有较大关系，气候条件对獭兔的毛皮质量虽有一定影响，但不起决定性作用。

（二）行业总体实力不强

目前，獭兔在我国还是以中小企业和千家万户的小规模养殖为主，缺乏龙头企业带动，没有专门的科研机构和科学的育种体系，产品多为大众化，缺乏附加值高的精品，市场竞争力不强，国家对獭兔产业的投入没有纳入计划之中，因此獭兔在畜牧业中尚处于弱势地位。

（三）獭兔产品市场不成熟

与传统畜牧业相比，獭兔养殖时间比较短，獭兔产品尚未形成稳定的消费群体，存在一定的市场风险，獭兔裘皮价格波动较大，容易形成市场高低潮的交替出现。

（四）国际经济因素

獭兔皮及其制品主靠外销，因此，必须关注国际经济变化。裘皮制品属于高档消费品，除御寒功能外，已逐渐转变成装饰品，獭兔皮制品尤其如此，其消费群体是中高收入者，即白领阶层，市场容量不大，但变动系数却偏大，消费者经济收入状况及心理因素直接影响其需求变化。今年以来，发达国家的经济增长速度大幅放缓，表现为经济活动削弱，物价下跌，出现了通货紧缩倾向。因经济不景气，限制了人们的购买欲望，因此，对于相对时装化的獭兔皮制品来讲，也难免会受到一些影响，具体反映在订单减少，质量要求苛刻，价格下跌等指标上。

（五）供求关系错位

因货源紧缺，獭兔皮价格一路飞涨，从而刺激了生产的迅猛发展，饲养量及皮张产量成倍增长，使供求关系发生变化，过高的市场价格也就难以支撑，价格自然下跌。

（六）产品质量与款式

獭兔皮制品所以有较好的市场前景，取决于新产品的不断开发。裘皮制造商们绞尽脑汁，不断推出新款式，以满足人们追求新款、追求时尚的需求。在竞争越来越激烈的国际裘皮市场上，产品质量是赖以生存和发展的决定性因素之一。只有高质量的原料皮才能生产出高质量的裘皮制品，这也是为什么外商和裘皮厂商需要特一级皮，不要三级以下皮的原因。

四、我国獭兔产业发展趋势

从总体来看，家兔品种的经济类型格局已经形成，各种新用途家兔全面发展，在全国范围内养殖和出栏量增大，养殖区域不断扩大。

养殖数量不断增加，种兔质量明显提高。尽管近年家兔市场不太稳定，呈现波浪式发展状态，但是，全国范围内养殖数量连年增加，种兔质量明显提高。

尽管饲料价格上涨，商品料比例增加，但使用商品饲料的比例逐年上升，一半左右的兔场采用商品饲料，20%左右的兔场自配与商品饲料相结合。

人工授精技术逐渐普及，养殖模式悄然改变。采用人工授精技术，实现"四同期"（同期配种、同期分娩、同期断奶、同期出栏）。

第二节　养獭兔的经济效益影响因素与风险

一、影响獭兔养殖经济效益的主要因素

1.饲养品系

饲养的獭兔品系对市场是否适销对路，对规模化兔场的效益影响尤为突出。一般来说饲养彩色獭兔比白色獭兔效益高，但因我国对彩色獭兔的选育工作远落后于白色獭兔，彩色獭兔普遍存在退化严重、被毛质

量差、繁殖成活率低等问题。其次是我国彩色獭兔饲养数量少，难以形成规模，较难找到市场，有商家又难于满足数量和质量要求。目前，彩色獭兔皮尚未形成规模，一张彩色獭兔皮比白色獭兔皮一般低5~10元，建议饲养白色獭兔为主。但彩色獭兔具有产品开发的优势，不需要任何染色，更具有环保、安全性，是今后我国獭兔育种和饲养推广的方向。

规模化养兔效益大，风险也较大。明确其影响效益的主要因素，趋其利，避其害，以达到尽可能地增加产出、降低成本的目的。

2.繁殖成活率

多生多活（仔兔），是增加规模化兔场产出的基础。母兔配怀率低，仔兔产得多活得少，都将严重影响规模化兔场的收益，甚至造成严重亏损。

3.单产水平

在一般分散饲养或小规模饲养的条件下，兔子单产对效益影响不十分明显，但在规模化兔场，单产水平对总产影响非常明显。提高单产水平，必须依靠科技。

4.饲料成本

在养兔成本中，饲料约占80%。在保证獭兔营养需要的前提下，降低饲料、饲草的单位成本，最大限度地减少浪费，将大幅度提高规模化养兔效益。在降低饲养成本方面，不可忘记及时淘汰低产兔。

5.疫病

因规模化养兔密度较大，疫病容易呈暴发性流行。一旦出现传染病，无论是淘汰病兔，甚至包括尚未发病的可疑兔或用药救治增加的财力、人力支出，损失都是巨大的。

6.獭兔皮质量

獭兔皮质量的好坏是影响獭兔养殖效益高低的主要因素之一。一般一张优质獭兔皮的售价高出劣质獭兔皮5~10倍，高出獭兔肉2~3倍，遇到市场高峰期，甚至更高。因此，要尽可能从提高商品獭兔毛皮质量技术途径入手，做到引进优良种獭兔，开展良种选留，提供营养全价的

颗粒饲料，适时出栏，屠宰取皮及皮张的防腐处理等。

7. 适时出售

根据獭兔皮市场变化规律，一年四季均有市场需求，但每年 12 月至翌年 3 月，是獭兔皮行情最好时间段，6~8 月，是最低时间段。因此只要獭兔皮质量好，保存方法得当，完全可待冬季行情较好时出售，但保存时间不宜太长，以免獭兔皮变质损坏，一般盐干皮可贮放 6 个月。

二、养獭兔存在的风险

在我国獭兔产业的可持续发展中，养殖场（户）对市场风险的抵抗能力应尽快改善。在种植业的发展过程中，"菜贱伤农"、"果贱伤农"的事件屡屡发生。养殖业也一样，市场风险会给农户带来无可估量的伤害和损失。与其他养殖业相同，獭兔养殖业同样有风险，存在的主要风险是市场风险。

（一）产品质量良莠不齐引起行情变化

我国獭兔养殖行业已经形成了长期存在的、基本完善的市场。但是，市场并不稳定，经常出现价格波动。市场经济时代的市场相对稳定，主要是商品的数量、质量的好坏、价格的差异，尤其是獭兔的被毛质量，当獭兔产品质量与市场趋向违背时，价格就会下滑，收益降低，甚至出现亏损。

（二）动物疫病的发生增加市场风险

与家兔一样，獭兔对疾病的易感性较强，其中三大传染病（兔瘟、球虫病、兔螨病）危害较大，巴氏杆菌病和胃肠道疾病的发病率较高，对饲养户的威胁也较大。抗御疾病风险的有效措施是制定免疫程序，执行严格的卫生制度，定期接种及驱虫，保持兔群健康率达到 95% 以上。发生疾病也不必恐慌，少数死亡应视为常事，成活率保证达到 80% 以上即为成功。我国的兔病防治技术居世界领先，技术咨询服务遍及东北地区和全国部分地区，兔病风险可控。

（三）兔场经营管理方面存在一定风险

獭兔养殖业无论规模大小都要重视管理，管理工作涉及面很多，要求细致，如兔群管理、饲料管理、兔舍管理、产仔箱管理、饲料配方、产品贮存运输等，稍微不注意就会造成损失，严重时遭致产业失败。所以，在獭兔养殖业的各环节中都要认真对待才能使该产业向一个良好的方向可持续发展。

第三节　养獭兔生产应具备的基本条件

一、人才是搞好现代獭兔生产的先决条件

獭兔养殖是一门科学，养殖户在投入獭兔养殖行业前，最好先确定自己是否具备以下 3 个基本条件。

（一）靠科技养兔

獭兔养殖业事无巨细，大到兔场规划，小到摸胎配种，在规划实施前，养殖户必须掌握养獭兔的基本知识，做到科学养兔。

（二）靠市场找路

在市场经济条件下经营什么项目都要根据市场行情来决策，养殖户要密切关注獭兔产品的市场动向及发展趋势。养兔业步入低谷时，及时淘汰劣质獭兔，缩小兔群规模；市场行情好时，增加存栏数，加快兔群繁殖。按市场规律发展养殖，才能使獭兔效益稳步提高。另外，准备养獭兔的养殖户要选读一些獭兔养殖的书籍，最好还要订阅有关报刊；还可以根据自己的条件和需要，参加培训学习，或到兔场及市场参观考察。

（三）靠管理致富

獭兔养殖对饲养管理要求较高。如果管理不当，就会造成饲料浪

费、生长发育不良、抗病力降低、死亡率增加、繁殖率降低、生产性能下降、生产成本上升等问题。因此，对獭兔进行科学的饲养管理，是生产的重要环节。不同用途、品种、性别、年龄、生理阶段和季节的獭兔，其代谢特点和对各种营养物质的需求状况有明显的不同，对日常饲养管理也有不同的要求。因此，养殖户还需要多了解产业化经营模式、标准化饲养管理的方法，根据不同情况进行相适应的饲养和管理。在发展獭兔养殖过程中，不断加强和改进管理措施，降低饲养成本，从而提高养殖效益。

二、要有足够的资金保障

兔场投入资金主要用于劳动力、饲料、兔笼兔舍、医药品、技术服务等方面。按基础母兔 30~50 只为小型兔场、50~200 只为中型兔场、200 只以上为大型兔场来划分，年出栏 1 000~5 000 只的中型兔场，成本利润率最高。各项资金投入在总成本中的占有比例上，小型兔场的饲料占其总成本 34.2%，劳动力占 56%，固定资产占 6.8%，医药防疫费占 3.0%；中型兔场分别为 57.2%，28.8%，9.4%，4.5%；大型兔场分别为 66.9%，16.1%，12%，5%。可以看出，对比小型和大型兔场，成本和利润的高低主要是由于饲料费用和劳动力成本的差异。增加劳动力的投入，加强对兔的精心照料，可以增加兔场的利润。同时，加强固定资产的投入，如提高机械化程度，可以较大地促进兔的生产效率，提高利润。但目前还不能通过调整饲料成本的投入来降低总成本，提高利润。分析说明了，在现有技术水平下，再扩大规模，兔场利润也不会有更大的增加。

因此，既然兔场养殖存在规模报酬不变的特点，养殖户应根据当地市场和自己的技术、资金、劳动力及饲料等条件，决定适度的规模经营。不能脱离自身条件，盲目扩大规模，追求办大型兔场。

三、要有丰足的饲料

獭兔养得好不好，饲料是关键。所谓"兵马未动，粮草先行"，养殖户在进行养殖投入前，最好先考察饲料厂，了解不同饲料厂家的产品差异，最后选定运输距离近、品质稳定、库存丰富的大型饲料厂作为獭兔饲料来源。不同于其他畜禽，獭兔有着特殊的消化道解剖特点和对饲料营养的消化吸收规律，对饲料有特殊的要求。对于自制饲料的小型养殖户，选用饲料原料时要确保青绿饲料质量，合理应用粗饲料，要考虑营养的全价性、饲料的适口性、原料的价廉性和无毒无害性等。另外，在日常管理中，养殖户还应总结獭兔各个时期的喂料时间和喂料数量，按照科学方法喂养的獭兔不仅长得快、毛色好，还降低了养殖成本。总之，稳定的饲料来源、合理的日粮结构和恰当的饲喂方法，是獭兔稳定健康成长的重要保障。

养殖爱好者在獭兔养殖的道路上不断探索，积累丰富的养殖经验，才能形成具有自己特色的"致富经"。

第四节　选择适合自己的经营模式

一、适度规模生产

一般养殖户因地制宜，根据资金及时间、精力、场地面积等情况综合考虑，在房前屋后建设兔场，可采用适度规模生产，种兔存栏数可控制在50~150只，作为养殖户一个增收渠道，不影响养殖户其他生产和经营。种兔数量少于50只，年出栏数量太少，经济效益不明显；种兔数量高于150只，需要投入一个以上劳动力，且会影响其他生产和经营活动。

二、规模化生产

一般针对具有一定经济能力的投资者，专门选择环境条件适宜的地方建设兔场，种兔存栏数150~500只，需要有专门的管理和技术人员，此类生产对场地面积、环境、交通等条件要求较高，且需要较大的资金投入，兔场整体规模较大，对管理和技术需求较高。

三、专业合作社运营生产

专业合作社由獭兔养殖农户组建，自愿加入，属于全体獭兔养殖户自己的组织，从农户中选举产生理事，建立理事会，由理事会产生会长、副会长，制定相关管理章程，由全体会员讨论执行。其中，由一名专业会长或副会长进行日常管理，合作社从销售兔产品中每只提取一定金额作为活动费。合作社实行所有权与经营权分开，兔笼、兔舍、种兔属社员所有，每户为独立生产单位，社员按合作社的要求生产商品獭兔，产品由合作社统一经营，按市价付款，年终利润 30% 留作合作社发展基金，70% 按社员交售商品獭兔或兔皮数量分红。

四、集约化生产

由龙头企业选址、规划、设计，修建现代化、规范化、集约化獭兔养殖园区，园区各种配套设施完善，并有专业獭兔养殖技术队伍，园区内管理实行统一供种兔、供饲料、防疫、销售等。园区的管理一般有 3 种：一是园区实行统一管理，招聘人员直接进行养殖，企业全权管理；二是园区实行统一管理，养殖户免费进入，养殖一定数量的种兔，企业前期为业主提供饲料、药品等生产物资保障，并为每一位业主建立一套档案和财务账目，业主在商品獭兔开始出栏后，企业按合同价收购业主全部合格商品獭兔，并逐步扣除合作社前期垫资；三是养殖户自愿进入园区租赁，在园区的统一管理下进行獭兔养殖和销售，每年交纳一定金额租赁费。

第二章

獭兔笼舍建筑及设备

第一节　獭兔笼舍的建筑要求

一、场址选择

兔场是集中饲养獭兔和以獭兔养殖为中心而组织生产的场所，是獭兔重要的外界环境条件之一。场址选择恰当与否，直接关系到獭兔生产和经营的好坏。为了有效地组织獭兔生产，应根据獭兔的生物学特性和兔场的发展规划，本着有效实用的原则，选择兔场场址，合理布局，科学建造、科学选用设备，合理利用自然和社会资源，保证良好的环境，提高劳动生产效率。

选择兔场场址，应根据兔场的规模、经营方式、生产特点、管理形式等方面，对地势和地形、土质、水源、风向和朝向、社会联系等条件进行全面考虑。

（一）地势和地形

兔场场址应选在地势高燥的地方，至少高出当地历史洪水的水线以上，其地下水位应在 2 米以下。这样的地势，可避免雨季洪水的威胁和减少因土壤毛细管水上升而造成的地面潮湿。獭兔喜干燥，厌潮湿污浊。低洼潮湿、排水不良的场地，不利于獭兔的体热调节，有利于病原微生物的繁殖，特别是寄生虫（如疥癣、球虫等）的生存，同时还严重影响建筑物的使用寿命。

地势要背风向阳，以减少冬春季风雪侵袭，保持兔场相对稳定的温

热环境，特别是避开西北方向的山口和长形谷地。

局部空气涡流现象，常因地势、地形条件所引起。这种情况，会造成场区空气呆滞，因而常出现空气污浊、潮湿、阴冷或闷热等现象。在南方山区、谷地或山坳里，獭兔场排出的污浊空气有时会长时间停留和笼罩该地区，造成空气污染。这类地形都不宜作獭兔场场址之用。

兔场地面要平坦或稍有坡度，以便排水（图 2-1）。地面坡度以 1°~3° 为宜，最大不得超过 25°。坡度过大，建筑施工不便，也会因雨水长年冲刷而使兔场坎坷不平。

地形要开阔、整齐和紧凑，不宜过于狭长和边角过多，以便缩短道路和管线长度，节约投资和利于管理。要充分利用自然地形地物，如林带、山岭、河川、沟河等，作为场界和天然屏障。

兔场占地面积，要根据獭兔的生产方向、饲养规模、饲养管理方式和集约化程度等因素而确定。在设计时，既应考虑满足生产，节约用地，又要为今后发展留有余地。如以一只基础母兔及其仔兔占 1.2 米 ^{2} 建筑面积计算，兔场的建筑系数约为 15%，500 只基础母兔的兔场需要占地约 4 000 米 ^{2}。

地势高、平坦而有坡度

图 2-1 兔场选址的地势地形

（二）土质

兔场场地土壤情况，如土壤的透气性、吸湿性、毛细管特性、抗压性及土壤中的化学成分，都直接或间接影响獭兔及其建筑物。

透气透水性不良、吸湿性大的土壤（黏土类），当受粪尿等有机物污染后，往往发生厌氧分解，产生有害气体如氨、硫化氢等，污染场区空气，其分解产物还污染当地土壤及水源。

潮湿的土壤是病原微生物及蝇蛆等生存和滋生的良好场所，威胁獭兔的健康。此外，这样的土壤抗压性低，常使建筑物基础变形，从而缩短建筑物的使用年限。

颗粒较大、透气透水性强、吸湿性小、毛细管作用弱的土壤（沙土类），虽然易于干燥和有利于有机物的分解，但它的导热性大，热容量小，易增温，也易降温。昼夜温差明显的地方，也不适于建造兔场。

兔场理想的土壤为沙壤土。它兼具沙土和黏土的优点，既有一定数量的大孔隙，又有大量的毛细管孔隙，故透气透水性良好，持水性小，雨后不会泥泞，易于保持适当的干燥，可防止病原菌、寄生虫卵和蚊蝇的生存与繁殖。同时，因透气性好，有利于土壤自净。这种土壤的导热性小，热容量较大，土温比较稳定，对獭兔的健康和卫生防疫都有好处。又由于抗压性好，膨胀性小，适于兔场设施的建筑。

总之，从建筑学和家畜环境卫生学的观点看，兔场应选建在沙壤土地上。但因客观条件限制，选择理想的土壤不易。因此，应选择相对较理想的土壤，并在兔舍的设计、施工、使用和日常管理上，设法弥补土壤的某些缺陷。

（三）水源

兔场的需水量较大，如饮水、兔舍笼具清洁卫生用水等，可以说，兔场无时不在用水，必须要有足够的水源。兔场的用水量应包括人的生活用水、生产用水和消防、灌溉用水。人的生活用水是指职工每日所消耗的水，其中包括饮用、洗衣、洗澡及卫生用水，其用水量因生活水平、卫生设备、季节与气候等而不同，一般可按每人每日20~40升计算。生产用水是指獭兔每日平均用水量，其中包括饮水、清洗等所消耗的水，一般可按每只獭兔每日 3 升计算。

同时，水质状况直接影响獭兔和人员的健康（图 2-2）。水量不足将直接限制獭兔生产，而水质差，达不到应有的卫生标准，同样也是獭兔生产的一大隐患。生产和生活用水应清洁无异味，不含过多的杂质、细菌和寄生虫，不含腐败有毒物质，矿物质含量不应过多或不足。较理想的水源是自来水和卫生达标的深井水；江河湖泊中的流动活水，只要未受生活污水及工业废水的污染，稍作净化和消毒处理，也可作为生产生活用水。因此，选择场址，应将水源作为重要因素考虑。兔场水源水量要充足，水质良好，便于保护和取用。

我对水的要求和人基本一样

图 2-2　兔场饮水质量要求

兔场水源可分为三大类。第一类为地面水，如江、河、湖、塘及水库水等。其主要由降水或地下泉水汇集而成。其水质受自然条件影响较大，易受污染，特别是易受生活污水及工业废水的污染，常因此而引发疾病或造成中毒。使用此类水源应经常化验水质。一般而言，活水比死水自净力强。应选择水量大、流动的地面水源。供饮用的地面水要进行人工净化和消毒处理。

第二类为地下水，这种水为封闭的水源，受污染的机会较少。离地

16

面距离越远，受污染的程度越低越洁净。但地下水往往受地质化学成分的影响而含有某些矿物质成分，硬度一般较大。有时会因某些矿物性毒物而引起地方性疾病。当选用地下水时，应首先化验。

第三类为降水。以雨、雪等形式降落在地面而成。其中常有大气中的某些杂质和可溶性气体，因而受到污染。降水的收集不易，水质无保证，贮存困难。除水源特别困难的小型兔场外，一般不宜采用。作为兔场水源的水质，必须符合饮用水标准。

（四）风向和朝向

兔场位于居民区的下风向，距离一般保持 100 米以上，既要考虑有利于卫生防疫，又要防止兔场有害气体和污水对居民区的侵害。要远离化工厂、屠宰场、制革厂、牲口市场等容易造成环境污染的地方，且避开其下风方向。注意当地的主导风向，可根据当地的气象资料和风向来考虑。另外，要注意由于当地环境还会引起局部空气温差，避开产生空气涡流的山坳和谷地。

兔场朝向应以日照和当地主导风向为依据，使兔场的长轴与夏季的主风向垂直。我国多数地区夏季盛行东南风，冬季多东北风或西北风，所以兔舍以坐北朝南较为理想，这样有利于夏季的通风和冬季获得较多的光照。

（五）社会联系

社会联系是指兔场与周围环境的关系，如居民区、交通道路、畜牧场及电力供应等。

兔场本身对居民区，无论是其释放的有害气体对大气，还是排泄物对地下水，都有一定的影响。因此，大型兔场应建在居民区之外，保持500 米以上的距离，不宜建在人烟密集和繁华地带，而应选择相对隔离的偏僻地方，有天然屏障（如河塘、山坡等）作隔离则更好，但要求交通方便，尤其是大型兔场更是如此。地势低于居民区，使之不至于成为对周围环境的污染源。

獭兔胆小怕惊，因此，兔场不应选建在火车站等释放噪声，特别是

产生爆破声场所的附近。噪声可能会引起兔呼吸和消化系统紊乱，甚至造成怀孕母兔流产，哺乳母兔抛弃仔兔，或者把仔兔吃掉。

大型兔场，物资采购及产品运出量较大，如草料等物资的运进，兔产品和粪肥的运出等，对外联系密切，故交通应便利，若交通不便，则会给生产和工作带来困难，甚至会增加兔场的开支。但为了防疫卫生，要距重要道路 300 米以上（如设隔墙或有天然屏障，距离可缩短至 100 米左右），距一般道路 100 米以上。

集约化程度较高的兔场对电力条件有较强的依赖性。因此，必须保障电力供应，应靠近输电线路，同时，应自备电源。

总之，科学而合理地选择兔场场址，是养兔成功至关重要的因素。当然，要选择完全合乎要求的场址较困难。我们应该掌握其原则，尽量选择理想场地或将其改造成理想场地。兔场与周边环境关系见图 2-3。

图 2-3　兔场与周边环境关系示意图

二、獭兔生产适宜的环境参数

獭兔的健康与生产性能无时无刻不受外界环境条件的影响，特别是现代化养兔生产，在全舍饲、高密度条件下，环境问题变得更为突出。獭兔科技工作者与生产者，必须了解各种环境因素不适时对獭兔会造成什么影响，其适宜程度是在什么范围，在充分利用房舍，尽量节省物质与能量消耗的条件下，为獭兔创造较为理想的环境，以保证獭兔的健康与生产性能的提高。

（一）温度

獭兔因汗腺极不发达，体表又有浓密的被毛，所以对环境温度非常敏感。温度对獭兔的生长发育、繁殖性能、生产性能及饲料利用率等都有影响。獭兔适宜的环境温度，初生仔兔为30~32℃（主要靠窝温保持），幼兔18~21℃，成年兔15~25℃。獭兔在适宜温度下生活，其机体的产热和代谢率都处于合理的最低水平，热能的代偿消耗最少，生产力和抗病力均较高。一般认为成年兔的临界温度为5~30℃，超过这个范围，将给獭兔带来不利影响。

1. 高温环境对獭兔的影响

高温影响獭兔散热。由于獭兔汗腺极不发达，通过表皮的蒸发只能散发有限的水分，再加上体表覆盖有厚厚的被毛，使这种作用进一步受到限制。因此，当环境温度升高时，兔体为了维持正常体温，除改变其代谢强度外，主要是依靠呼吸散热的方式来调节体温。当气温由20℃上升到35℃时，兔体的呼吸频率由正常的46次/分钟增加5.7倍，达262次/分钟。呼吸频率加快，表明獭兔出现热性喘息。当气温超过皮肤温度时，仅靠呼吸喘息已不能达到兔体维持平衡的散热作用，热量就会在体内积累，引起体温升高，从而导致物质代谢障碍，消化机能减退，食欲和采食量下降，对营养物质的消化率也下降。在此情况下，兔体内积累了许多氧化不全的有毒物质，引起某些组织和器官的功能失调，严重时致使兔体处于极度衰弱状态，影响兔体的健康和生产力。高温时，兔体热平衡被破坏，体温升高。体温每升高1℃，代谢速度可提高10%~20%。于是体内产热量会进一步增多，引起体温继续上升，形成恶性循环。这种由高温引起的兔体热平衡的破坏，称热射病。

高温影响獭兔的繁殖性能。当环境温度超过30℃时，只要连续几天，就会降低獭兔繁殖力。公兔表现为性欲降低，睾丸中精子生成受阻，精液品质恶化，表现为精子活力下降、密度减少、畸形率提高。黄

桂花等（2010）研究表明，试验组（热应激组）和对照组（非热应激组）分别在（31±2）℃、（18±2）℃的环境条件下饲养80天，热应激组采精量、精子活力和精子密度分别下降37.6%、44.8%和48.8%，精子畸形率升高29.5%，其结果差异均呈显著水平。美国《家兔生产指南——热的影响》一文中更有详细叙述：成年公兔暴露在30℃以上气温环境中大于5天，造成公兔精子死亡，公兔正常精子的恢复时间平均为52天，通常造成公兔不育时间为45天到70天，不育程度和热的程度成正比。高温还可使母兔发情异常，受胎率降低，附植前后胚胎的损失率升高，产仔数、活仔率降低，分娩后母兔的泌乳力下降。高温季节母兔的受胎率降低91%，窝产仔数减少30%，胚胎死亡数也有增加。当环境温度为30℃时，受精后6天的胚胎死亡率高达24%~45%；夏季比冬季泌乳量减少，产后20天内平均泌乳量减少4.1%。

高温影响獭兔的消化机能。高温可引起獭兔食欲减退，采食量下降，消化不良，营养物质的消化率降低。据测定，环境温度为20℃时，獭兔采食量最大，在14~20℃范围内，采食量随环境温度的升高而渐增，超过20℃时，采食量随环境温度的升高而渐减。前苏联卡卢金研究温度对营养物质消化率的影响表明，当环境温度由18℃升到34℃时，所有的营养物质消化率都降低，中期有机物质消化率降低3.9%，粗蛋白的消化率降低6.4%，脂肪4.8%，粗纤维1.6%，可见气温的影响十分明显。

高温影响獭兔的生长发育和生理状况。在高温条件下，仔兔和幼兔生长缓慢，甚至减重，成兔也减重，呼吸和脉搏均加快，兔体处于维持生命状态。据观察，18~21℃是幼兔最佳生长温度范围，在此范围内，幼兔增重最快，死亡率和饲料消耗最低，超过21℃，增温越快，增重越慢，呈明显的负相关。

高温影响獭兔的健康。处于高温环境中的獭兔，其机体的整个新陈代谢过程发生了变化，采食量下降，体质虚弱，抵抗力降低，发病率和死亡率升高。

高温影响獭兔的毛皮品质。獭兔利用被毛的数量和状况调节着机体散热的速率。在高温环境中，兔体为了加速体热的散发，绒毛密度变稀，被毛生长缓慢，数量减少，因此，獭兔的毛皮品质下降，甚至没有使用价值。

高温还引起獭兔血液生化指标发生变化。在高温环境中，肌酸磷酸激酶（CPK）、醛固酮、血钠水平升高，而乳酸脱氢酶（LDH）、血脂、血糖、血蛋白及血钾水平降低。

2. 低温环境对獭兔的影响

相对来讲，獭兔比较耐寒，对低温的承受力比高温强一些，成年獭兔可以长期忍受 0℃以下的环境，但低温环境同样有害。当环境温度低于10℃时，兔体为减少散热的总面积而蜷缩，耳温亦低；为了维持体温，需消耗较多营养，如不能满足所需营养，獭兔的生长发育受到影响，幼兔育成率低，生长兔日增重下降，且易患消化系统疾病，同时公兔性欲降低，母兔的受胎率亦降低。

（二）湿度

空气湿度是表示空气潮湿程度的物理量，指空气中含有的水气。空气湿度常用绝对湿度和相对湿度表示。绝对湿度是指单位体积空气中所含水气的质量，用克／米^{3}表示，绝对湿度直接表示空气中水气的绝对含量。相对湿度是指空气中实际水气压与同温度下饱和水气压之比，用百分率表示。在养兔生产中，普遍采用相对湿度来衡量空气的潮湿与干燥程度。相对湿度百分率越高，表明空气的湿度越大。

湿度往往伴随着温度对獭兔产生影响。高温高湿和低温高湿对獭兔都有不良的影响。高温高湿的环境使獭兔体热散放十分困难，容易发生热射病；獭兔的皮肤由于水分难以蒸发而湿润、肿胀，皮孔、毛孔变窄而被阻塞，皮肤抵抗力降低，加之潮湿环境特别有利于真菌、细菌和寄生虫发育，因此，獭兔易患疥癣、脱毛癣、湿疹等皮肤疾病。低温高湿的环境又会增加散热，并使獭兔有冷的感觉，特别是仔兔和幼兔更难以忍受；獭兔易患呼吸道疾病，如感冒、咳嗽、气管炎及风湿病等疾病。而在温度适宜但又潮湿的情况下，利于细菌、寄生虫的繁殖，导致獭兔发生疾病，还会使空气中有害气体增加。因此，兔舍冬季供暖可缓解高湿度的不良影响，加强通风也是将多余湿气排出的有效途径。

獭兔适宜的相对湿度为 60%~65%。如兔舍内相对湿度低于 55% 时，会引起獭兔呼吸道黏膜干裂、细菌病毒感染等。

过去，分析环境因素对獭兔的影响时，多采用单一的气温指标，综合性指标用得较少，因而给炎热程度和寒冷程度的估计带来了困难，如在估计高温高湿或低温高湿对散热、御寒的不良影响时，就必须采用两个指标，而且也难以说清楚。如果采用一个温湿度指标，可能要简明、准确些，这一点对于人工控制兔舍环境来说，意义更加明显。

高温高湿和低温高湿环境对獭兔百害而无一利，既不利夏季散热，也不利冬季保温，还容易感染体内外寄生虫病等。因此，兔舍内湿度应尽量保持稳定。獭兔排出的粪尿、呼出的水蒸气、冲洗地面的水分是导致兔舍湿度升高的主要原因。为降低舍内的湿度，可以加强通风，或撒生石灰、草木灰等，阴雨潮湿季节舍内清扫时尽量少用水冲洗。

（三）气流速度

气流的产生由温差而引起，低温空气分子密度大、压力高；高温空气分子密度小、压力低。于是低温压力高的空气就向高温压力低的位置流动，便产生了气流。气流的速度以每秒流经的距离表示为米 / 秒。兔舍中的气流，因启闭门窗、通风、换气、墙壁裂缝、兔子呼吸和热量排放以及管理活动等引起。保温性能好的密闭兔舍，冬季气流速度一般不超过 0.20~0.25 米 / 秒；保温性能差的兔舍，气流速度可达 0.6 米 / 秒以上。冬季，低温气流会增加兔体的散热量，使饲料消耗增多，甚至影响生产力。特别应注意防止低温高速度的气流，因为这种气流使机体局部变冷，而不能使兔体及时产生相应的反应和调节，往往容易造成兔子感冒、肺炎、肌肉炎和关节炎等病患。夏季，气流有利于兔子对流和蒸发散热，改善兔舍的环境条件，对兔有良好的作用。如当气温由 23.7℃上升到 28.2℃时，兔的呼吸频率由 66 次 / 分钟增加到 91 次 / 分钟，皮温由 27℃升高到 30.1℃。可见气温升高使兔的呼吸频率和皮温增加，此时若加大风速，情况即起相反变化。风速由 0.15 米 / 秒增加到 0.24 米 / 秒，呼吸次数则由 118 次 / 分钟减少到 91 次 / 分钟，皮温由 32.5℃下降到 29.1℃。可见，在环境温度一定的条件下，加大气流速度可以降低呼吸频率和皮温，促进兔体的对流和蒸发散热，缓解夏季高温对獭兔的影响。

成年獭兔由于被毛浓密，对低温有一定的抵抗力，但对仔兔要注意冷风的袭击。一般要求兔舍内的气流速度不得超过 0.5 米 / 秒，夏季以 0.4 米 / 秒、冬季以不超过 0.2 米 / 秒较适宜。兔舍内在任何季节都要有一定的气流速度，并均匀地流经全舍，没有死角也无贼风。通常可以通过观察蜡烛火焰的倾斜情况来确定气流速度，倾斜 30°，气流速度为 0.1~0.3 米 / 秒；倾斜 60°，气流速度为 0.3~0.8 米 / 秒；倾斜 90°，气流速度超过 1 米 / 秒。

加强通风是促进空气流动、调节兔舍温湿度的好方法。通风还可排出兔舍内的污浊气体、灰尘和过多的水气，能有效地降低呼吸道疾病的发病率。通风方式一般可分为自然通风和机械通风两种。小型场常用自然通风方式，利用门窗的空气对流或屋顶的排气孔和进气孔进行调节。大中型兔场常采用抽气式或送气式的机械通风，这种方式多用于炎热的夏季，是自然通风的辅助形式。

（四）空气成分

大气成分相当稳定，含有氮 78.09%、氧 20.95%、二氧化碳 0.03%、氨 0.0012%，另外还有一些惰性气体与臭氧等。但兔舍内空气成分会因通风状况、獭兔数量与密度、舍温及微生物数量与作用等而起变化，特别是在通风不良时，易于使兔舍中有害气体浓度升高。

1. 兔舍中有害气体

兔舍中的有害气体主要有氨、硫化氢和二氧化碳等。獭兔对氨特别敏感，未及时清除的兔粪尿，在潮湿温暖的环境中，可分解产生氨等有害气体。兔舍温度越高，饲养密度越大，有害气体浓度越大。獭兔对空气成分比对湿度更为敏感，如氨浓度超过 20 厘米 ^{3} / 米 ^{3} 时，常常诱发各种呼吸道疾病、眼病，生长缓慢，尤其可引起巴氏杆菌病蔓延。当空气中含氨 50 厘米 ^{3} / 米 ^{3} 时，獭兔呼吸频率减慢，流泪和鼻塞，100 厘米 ^{3} / 米 ^{3} 时会使眼泪、鼻涕和口涎显著增多。

兔对二氧化碳的耐受力比其他家畜低得多。有人研究，当空气中的

二氧化碳含量增加到 50% 时能引起一般家畜死亡，而兔舍内其含量达到 25% 时，就会出现獭兔死亡。

兔舍内有害气体的浓度标准为：氨（NH_3）<30 厘米^3/米^3；二氧化碳（CO_2）< 3500 厘米^3/米^3；硫化氢（H_2S）< 10 厘米^3/米^3，一氧化碳（CO）<24 厘米^3/米^3。

2. 空气中灰尘与微生物

空气中的灰尘主要有风吹起的干燥尘土和饲养管理工作中产生的大量灰尘，如打扫地面、翻动垫草、饲喂饲料及被毛和皮肤的碎屑，直径0.1~10 微米。空气中的灰尘含量因通风状况、舍内温度、地面条件、饲料形式等而变化。灰尘对獭兔的健康和毛皮品质有着直接影响。灰尘降落到兔体体表，可与皮脂腺分泌物、兔毛、皮屑等粘混一起而妨碍皮肤的正常代谢，影响毛皮品质；灰尘吸入体内还可引起呼吸道疾病，如肺炎、支气管炎等；灰尘还可吸附空气中的水气、有毒气体和有害微生物，产生各种过敏反应，甚至感染多种传染性疾病。

兔舍空气中微生物含量与灰尘含量高度相关，许多细菌不是形成灰尘微粒的核，而是由灰尘所载。空气中微生物主要是大肠杆菌、霉菌等，在某些情况下，也载有兔瘟病毒等。兔舍空气中微生物浓度与灰尘浓度趋势一致，也受舍内温度、湿度和紫外线照射的影响。为了减少兔舍中灰尘与微生物的含量，应尽量避免用土地面，防止舍内过分干燥，同时适当通风。

（五）光照

光照对獭兔的生理机能有重要调节作用。光照分人工和自然光照，前者指用各种灯光，后者一般指日照。用开放式兔舍和半开放式兔舍养兔时，宜充分利用阳光。阳光照射可提高兔体新陈代谢，增进食欲，使红细胞和血红蛋白含量有所增加；还可以使獭兔表皮里的 7- 脱氢胆固醇转变为维生素 D_3，促进兔体内的钙磷代谢；阳光能够杀菌，并可使兔舍干燥，有助于预防兔病。在寒冷季节，阳光还有助于提高舍温。

獭兔对光照的反应远没有对温度及有害气体敏感，有关光照对兔体影响的研究较少。实践表明，光照对生长兔的日增重和饲料报酬影响较小，但对獭兔的繁殖性能和肥育效果影响较大。据试验，繁殖母兔每天光照 14~16 小时，可获得最佳繁殖效果，每只成年母兔的断奶仔兔数，接受人工光照的要比自然光照的高 8%~10%。而公兔害怕长时间光照，如每天给公兔光照 16 小时，可引起公兔睾丸体积缩小，重量减轻，精子数减少，因此，公兔每日光照以 8~12 小时为宜。另据试验，如每日连续 24 小时光照，则可引起家兔繁殖功能紊乱。仔兔和幼兔需要光照较少，尤其仔兔，一般每天 8 小时弱光即可。肥育兔每天光照 8 小时。但据法国报道，肥育兔舍除操作以外，应保持黑暗，以适应饲养员的工作为准。

封闭式兔舍全靠人工光照，普通兔舍兼有日光照射，两者比较，以封闭兔舍獭兔生产更稳定。一般给獭兔每天光照不宜超过 16 小时。

光照强度以约 20 勒为宜，但繁殖母兔需要强度大些，可用 20~30 勒克斯，肥育兔 8 勒克斯。目前，小型兔场一般采用自然光照，兔舍门窗的采光面积应占地面的 15% 左右，但要避免太阳光的直接照射，光线入射角不低于 30°。窗户下缘距地面高度一般为 80~100 厘米，在下缘高度一定的条件下，要达到入射角 30° 的设计要求，加高窗户上缘高度，以利采光。窗户与窗户之间间距宜小，以保证舍内采光的均匀性；大中型兔场，尤其是集约化兔场多采用人工光照或人工补充光照，光源以白炽灯光较好，每平方米地面 2.4~4 瓦，灯高一般离地面 2~2.5 米。

（六）噪声

獭兔胆小怕惊，突然的噪声可引起妊娠母兔流产或胚胎死亡数增加，哺乳母兔拒绝哺乳，甚至蚕食仔兔等严重后果。噪声的来源主要有三个方面：一是外界传入的声音；二是舍内机械、操作产生的声音；三是獭兔自身产生的采食、走动和争斗声音。獭兔如遇突然的噪声就会惊慌失措、乱蹦乱跳、蹬足嘶叫，导致食欲不振甚至死亡等。

据报道，噪声对动物的听觉、大脑、垂体、肝脏、肾脏、甲状腺、肾上腺、生殖器官、循环系统、消化功能以及生长、行为、共济能力等都有不良影响。因此，兴建兔舍时一定要远离高噪声区，如公路、铁

路、工矿企业等，尽量保持舍内安静。獭兔的噪声标准常参考人的标准，即不超过 85 分贝。

（七）绿化

绿化具有明显的调温调湿作用，还有净化空气、防风防沙、美化环境等重要意义。特别是阔叶树，夏天能遮荫，冬天能挡风，具有改善兔舍小气候的重要作用。

一般的绿化工作搞得好的兔场，夏天可降温 3~5℃，相对湿度可提高 20%~50%。种植草地可使空气中的灰尘量减少 5% 左右。因此，兔场四周应尽可能种植防护林带，场内也应大量植树，一切空地均应种植作物、牧草或绿化草地。

三、獭兔场规划与布局

（一）獭兔场的分区规划

兔场是一个完善的建筑群，按其功能及生产特点，设生活管理区、生产区、辅助区和牧草种植区。

1. 生活管理区

生活区包括职工宿舍、食堂、文化娱乐场等，应单独分区设立（图 2-4）。考虑工作方便和兽医防疫，生活区既要与生产区保持一定距离

图 2-4　兔场的生活管理区

又不能太远。

管理区包括办公室、会议室、车库、厕所、培训、饲料加工车间、饲料库、维修间、变电室、供水设施等。管理区要单独成为一个小区，应与生产区隔开，并保持一定距离。饲料原料库和加工车间应尽量靠近饲料成品库，设在兔场的一角，加工房距离生产区100米为宜。

2. 生产区

生产区主要是獭兔养殖区域，是兔场的主要建筑区，兔场的核心（图2-5）。其建筑物包括繁殖兔舍、后备兔舍、育成兔舍、隔离兔舍等。优良种兔（即核心群）舍置于环境最佳的位置，距离商品兔舍间距不少于200米。繁殖舍要靠近育成舍，以便兔群周转，同时育成兔舍应靠近兔场一侧的出口处，以便出售种兔及商品兔。在生产区的入口处要设消毒设施。

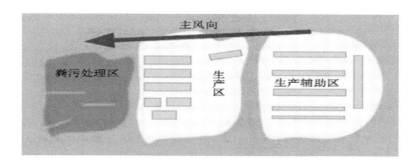

图2-5　兔场生产区布局图

3. 辅助区

包括兽医诊断室、病兔隔离室、尸体处理处、污水处理池等，均应设在兔场的下风向和地势较低处，与生产区保持一定的距离，以免疫病传播。

4. 牧草种植区

远离尸体处理区和粪尿处理区，建植多年生牧草区、一年生

图2-6　兔场牧草种植区

牧草区和多年生、一年生饲草轮作区（图2-6）。

（二）獭兔场的布局

1. 基本原则

兔场建筑物的布局应从人和兔的保健角度出发，以建立最佳生产联系和卫生防疫条件，合理安排不同区域的建筑物，特别是在地势和风向上进行合理布局。生活区应占全场的上风和地势较好的地段，依次为管理区和生产区，生产区建在生活区和管理区的下风和较低处，但应高于兽医室和隔离舍等，并在其上风向（图2-7）。

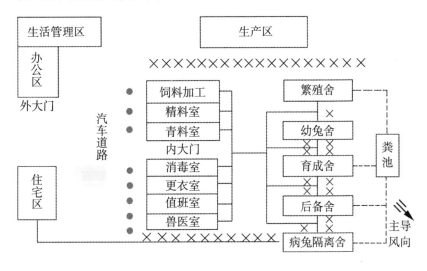

图2-7 兔场总体布局图

2. 兔舍的朝向、排列与间距

合理确定兔舍的朝向，利用太阳光照，有利于兔舍的保温和采光。我国处于北纬20°~50°，太阳高度角冬季小、夏季大，故兔舍采取南向，即兔舍纵轴与纬度平行。冬季有利于阳光进入舍内，提高舍温；并可防止夏季强烈的光照，引起舍温的升高。但考虑到地形、通风及其他条件，可根据当地情况向东或向西偏转15°配置。从单栋兔舍来看，南向自然通风与光照都比较好。但从多栋兔舍来看，兔舍长轴与主导风向垂直时，后排兔舍受到前排兔舍的阻挡，通风效果差。根据自然通风原理，风在障碍物阻挡下，将向上升，越过障碍物再回到原来的自然气流状态，其距离一般要 4 倍以上舍高。如以舍高 3 米计，则需 12~15 米，才能不影响后排通风。但间距太大，占地太多。若从夏季主导风向与兔舍的关系考虑，使兔舍长轴与其成 30°~60° 角，即可缩短间距 9~10 米，并使每排兔舍在夏季得到较好的通风。一般而言，为保证通风和采光，以及防火要求，兔舍的间距应不少于舍高的 1.5~2 倍。

3. 道路

场内道路设置，不仅关系到场内运输，也具有卫生意义。要求道路直、线路短，以保证场内各生产环节方便的联系。

主干道因与场外运输线路连接，其宽度要保证顺利错车，为 5.5~6.0 米。支干道与兔舍、饲料库、兽医建筑物、贮粪场等连接，宽度一般 2~3.5 米。场内道路分净道和污道，运送饲料、兔产品的道路（净道）不能与运送粪便和污物的道路（污道）通用或交叉。兽医建筑物要有单独的道路，不与其他道路通用或交叉。

道路路面要求坚实，有一定的弧度，排水良好。道路的设置应不妨碍场内排水，道路两侧也应有排水沟，并应植树（图 2-8，图 2-9）。

图 2-8　兔场道路

图 2-9　道路两旁植树

4.防疫设施

场界防疫：兔场周围要有天然防疫屏障或建筑较高的围墙，以防场外人员及其他动物进入场内。气候适宜的地区，在场界栽种阔叶树，既起到围墙和防疫屏障作用，又绿化场院，改善环境。

门口防疫：兔场大门及各区域入口处，特别是生产区入口处，以及各兔舍门口处，应设相应的消毒设施（图2-10）。如车辆消毒池、人的脚踏消毒槽、喷雾消毒室、更衣换鞋间等。特别强调，车辆消毒池要有一定深度，其池长应大于轮胎周长的2倍。紫外线消毒杀菌灯，应强调安全时间（3~5分钟），仅仅穿行而过达不到安全目的。因此，紫外线消毒杀菌灯最适于工作服和化验室消毒。

图2-10　兔场进门消毒池

图2-11　消毒室

5.贮粪场及污水处理池

贮粪场及污水处理池设在生产区的下风头，与兔舍保持100米的卫生间距，有围墙时可缩小至50米。贮粪场面积按存栏獭兔5 000只、兔粪贮放3个月、堆高0.5米计算，约需要面积150米^2（图2-12）。污水处理池的容积按每只兔每天0.002~0.003米^{3}计算，一般贮存期按3个月计算。污水处理池应尽可能防止雨水淌入，同时又要避免池内粪水溢出，同时远离任何水源以防污染。其深度以不受地下水的浸渍为宜，底部应做防渗处理。

图2-12 贮粪场

6.兔场绿化

绿化不仅可改善小气候，净化空气，而且可起到防疫和防火等良好作用（图2-13）。

场界周边种植乔木和灌木混合林带，场区设隔离林带，以分隔场内各区；道路两旁绿化常用树冠整齐的乔木或亚乔木。在靠近建筑物的采光地段，不应种植枝叶过密，过于高大的树种，以免影响兔舍采光，但在夏季较炎热的地区，可在兔舍周围种植枝叶开阔、生长势强、冬季落叶后枝条稀少的树种，可以有效降低夏季兔舍温度。

图2-13 兔场绿化区

四、獭兔场安全生产的环境管理

獭兔场安全生产的环境管理是指对獭兔生活小环境的控制。例如，通过隔热保温及散热降温以控制温度；采取有效的通风措施以净化空气；通过人工照明以控制舍内光照等。环境控制的目的在于消除严寒、酷暑、急风、骤雨等一些不利的自然因素对獭兔的侵袭，尽量减少各个季节气温、日照时间与强度的变化对獭兔的影响，防止漂浮于大气中的一些病原体感染獭兔，创造符合獭兔生理要求和行为习性的理想环境，获取最佳的生产效率和最低的发病率及死亡率，以增加养兔生产的经济效益。主要包括以下几个方面。

（一）兔舍温度的控制

1. 兔舍的保温与隔热

保温是指在寒冷情况下，设法将獭兔本身产生的热及由空调、暖气等外源供给的热保留下来，以保持獭兔温暖的生活环境。隔热是指在炎热的情况下，设法用空调、凉棚等隔绝太阳辐射热以阻止传入兔舍内，防止舍内气温升高，以创造凉爽的环境。

科学地选择建筑材料和确定适宜的墙体厚度是兔舍温度控制的途径之一，建筑材料不同，其导热性亦不同。导热性小的材料，导热系数小，保温性好；导热性大的材料，导热系数大，保温性差。同一种材料的导热性能，因其单位体积重量即容重的差异而不同。材料轻，孔隙多，孔内充满空气，空气导热性极小。这正是建筑屋顶、隔墙可以加入珍珠岩、炉灰、锯末等以达到保温的原因。因此，需因地制宜地选材和确定墙体厚度，使兔舍具有良好的保温隔热性能。

建好舍顶是温度控制的另一个重要途径，兔舍内的热量主要是经屋顶或顶棚、通风换气、墙壁、地面、门窗而散失。因屋顶面积大，以及热空气密度小，紧靠屋顶，屋顶散热较快。所以，屋顶不仅起到挡风、遮雨、遮阳的作用，在寒冷地区主要还有保温隔热作用，所以，建造兔舍的屋顶要选好材料，确定适宜厚度，铺设保温层。为了节省开支，还可采用草屋顶、铺锯末或炉灰，或用芦苇顶，或用秸秆加抹草泥。在屋顶下加装顶棚，使其两者间形成一个稳定的空气缓冲层，将更加减少舍内热量的散失。

有人通过降低舍顶高度来达到保温的目的，虽有作用，但舍顶高度不可过低，尤其在饲养密度较大时，更应注意，否则不利于通风换气。一般兔舍顶高不低于2.5米。

兔舍墙体应选用导热性小的建筑材料，以提高其保温性能，并使墙体不透空气和水气。目前我国建造兔舍时多用砖砌墙。砖的来源广，保温性较好，还可防兽害，较为理想。在我国北方寒冷地区为了保温，南方为了隔热，均可适当加厚墙体。经济较发达的国家有用新型保温材料并采用新工艺制墙的，如将波形铝板—防水板—聚乙烯膜组合建墙，或在铝板间填充玻璃纤维保温层，其保温隔热效果均十分理想，但造价较高。

不同地区修建兔舍时门窗的设置有所不同，在寒冷地区的兔舍北侧、西侧应少设门窗，最好安双层窗，门窗要密合，并选保温轻质门窗。最好不用钢窗，因为钢窗传热快，不耐腐蚀。在炎热地区，应南北设窗，并加大面积，以利通风。

此外应注意建好地面，地面应具有隔热、保温及耐冲刷、防潮、易干燥等功能。室内养兔多采用笼养，需要用大量水冲刷笼具，因此，既要考虑地面的保温隔热，又要考虑地面的耐冲刷、防潮、不透水、易于干燥、易消毒。因此，兔舍地面多采用水泥地面。

2. 兔舍的温度控制

獭兔场一般情况不需供暖，而靠兔体散热和兔舍隔热来保温，对兔舍温度的控制主要通过调节通风量来实现。

兔体不断地向外界散发热量。在舍温较低的环境里，其产热大部分是以辐射与对流的方式散发出去，特别是在保温性能良好的兔舍，饲养密度大，产热多，易聚温，可以使兔舍内保持较高的温度。因此，在冬季为了控制舍温不致过低，尽量减少通风量到最低限度，以便兔体产生的热量得以保存下来。夏季则加大通风量，尽量控制不使舍温过高。但当气温大于32℃时，即使加大通风量，也难以有效地降温。有条件时，可在兔舍内安装空气冷却设备，使空气降温，如安装湿帘风机

（图2-14）。也可在兔舍前植树，达到防暑降温的目的。据观察，气温33℃时，大树下的兔舍内仍凉爽舒适，而无树遮阳的，却燥热不堪。

兔舍通风方式有自然通风和动力通风两种。半开放式兔舍采用自然通风，为保证自然通风畅通，兔舍不宜过宽，以不大于8米为宜。空气入口除气候炎热地区应低些外，一般要高些，配置在舍内各边对称的位置，排气口面积为舍内地面面积的2%~3%，进气口为3%~5%，每平方米饲养活重25~30千克。屋顶的坡度不低于30°，以使空气得以合理地流通。而机械化、自动化程度高的密闭式兔舍，则采用动力通风（图2-15）。动力通风多采用鼓风机进行正压或负压通风。正压通风是将新鲜空气吸入，将舍内原有空气压向排气孔排出。负压通风是将鼓风机安在兔舍两侧或前后墙，将舍内空气抽出，是目前较多用的方法，投入较少，舍内气流速度慢，又能排出有害气体，由于进入的冷空气需先经过舍内空间再与兔体接触，避免了直接刺激，但易交叉感染。为了达到准确的控制温度，鼓风机的风量可以小一些而台数要多一些，可以将风机分为几组，按照不同的气温开动不同组数的风机。先进的通风装置是用热敏元件等控制的无级变速风机，通过感应温度的高低以改变电压使风机随舍温的高低而改变转速，舍温愈高，转速愈快，通风量愈大。

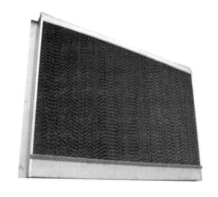

图2-14　降温设备（湿帘）　　　　图2-15　通风设备

用调节通风量来控制舍内温度，必然会同时引起舍内相对湿度与有害气体的浓度发生相应的变化，这在夏季完全是协调的，而在冬季容易产生矛盾。如何维持尽可能高的舍温，而又不至于使舍内湿度过大或有害气体浓度偏高，这是设计通风所必须注意的问题。为此，在测定不同季节、不同通风量的同时，也须测定舍内相对湿度和氨的浓度等，以制定出适宜的通风方案。

（二）兔舍湿度的控制

1. 严格控制用水

尽量不要用水冲洗兔舍内的地面和兔笼。地面最好用水泥制成，并且在水泥层的下面再铺一层防水材料，如塑料薄膜等，以有效地防止地下的水气蒸发到兔舍内。兔子的自动饮水器要固定好，防止兔子损坏，弄湿兔舍和兔笼。

2. 坚持勤打扫

每天要及时将兔粪尿清除出兔舍，最好每天打扫两次。笼下的承粪板和舍内的排粪沟，要有一定的坡度，便于粪尿流下，尽量不让粪、尿积存在兔舍内。

3. 保持良好的通风

獭兔每小时所需的空气量，按其体重计算，每千克活重 $2 \sim 8$ 米^3。根据不同的天气和季节情况，空气的流速要求 $0.15 \sim 0.5$ 米/秒。兔舍的通风要根据舍内的空气新鲜程度灵活掌握。如果兔舍内湿度大、氨气浓时，要加快空气流通，以保持兔舍内空气新鲜。

4. 根据天气情况开关门窗

当舍内温度高、湿度大、闷气时，要多开门窗通风；天气冷、下大雨、刮大风时，要关好门窗，防止凉风、雨水侵入舍内。此外，冬季通风时，要注意舍内的温度，最好在外界气温较高时通风。

5. 撒吸湿性物质

在梅雨季节或连日下雨，空气湿度大，采用以上措施效果不明显时，可在兔舍内地面上撒干草木灰或生石灰等吸湿。在撒之前，事先要把门窗关好，防止室外的湿气进入舍内。

（三）兔舍有害气体的控制

通风是控制有害气体的关键措施。兔舍更换空气的要求是每小时更换2~3 米³的空气。开放式兔舍夏季可打开门窗自然通风，也可在兔舍内安装吊扇或水帘空调进行通风，冬季靠通风装置加强换气；密闭式兔舍完全靠通风装置换气，但应根据兔场所在地区的气候、季节、饲养密度等严格控制通风量和风速。獭兔对氨特别敏感，如有条件可使用控氨仪来控制通风装置进行通风换气。这种控氨仪，有一个对氨气浓度敏感的探头，氨气浓度超标就会发出信号。如舍内氨的浓度超过 30 厘米³/米³时，通风装置即自行开动。有的控氨仪与控温仪连接，使舍内氨的浓度在不超过允许水平时，保持较适宜的温度范围。此外，在控制有害气体时，尚需及时清除粪尿，减少舍内水管、饮水器漏水，经常保持兔舍、兔笼底板、承粪板和地面等的清洁干燥。

（四）兔舍光照的控制

开放式兔舍一般采用自然光照，要求兔舍门窗的采光面积应占地面面积的 15% 左右，阳光入射角 25°~30°。在短日照季节还可以人工补充光照。

密闭式兔舍完全采用人工光照。光照时间和光照强度全由人工控制。光照时间的控制简单，只需按时开关灯即可。控制光照强度一般有两种方法，一种是安装较多的灯泡，开关分为两组，一组控制单数灯泡，一组控制双数灯泡，需要照度大时，两组同时开，需要照度小时，只开一组开关；另一种是灯泡数量按能使舍内光线比较均匀的要求设置，需要照度大时，装上功率大的灯泡，平时装上功率小的灯泡。以后一种方法使用较多。

给獭兔供光多采用白炽灯或日光灯，以白炽灯供光为佳，既提供了必要的光照强度，又耗电较少，但安装投入较高。

（五）舍外病原体的控制

如兔场建立在兔场密度较大的地区，或者附近的兔场发生过严重传染病，或者离居民区较近，如条件许可，宜安装空气过滤装置，即在所有的进气孔口设过滤器，以防止空气中尘埃微粒流入舍内。如过滤器上再加上消毒剂，消灭附属于网眼上的病原休，则效果更好。使用过滤器时，不应影响规定的通风量，同时要定期检查，在过滤器网眼被尘埃微粒堵塞之前，即予以清洗替换。安装空气过滤装置时，要求进入兔舍的人员与设备进行更为严格的消毒。

（六）獭兔舍和笼具消毒

1.物理消毒

（1）清扫洗刷　每天按照獭兔饲养日程，及时清扫排除獭兔粪尿、污物，洗刷笼具。可清除大量病原微生物及其赖以生存的物质基础。

（2）日光暴晒　兔用产仔箱、垫草、笼底板、食槽等用具清洗后，阳光下暴晒2~3小时或更长时间，可杀灭大部分普通病原菌（图2-16）。

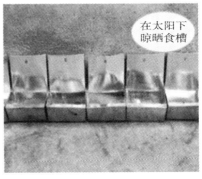

图2-16　日光暴晒

（3）紫外线消毒　主要用于兔舍入口通道消毒。人进入场区前，停留5~10分钟，可杀灭体表大量病菌。

（4）火焰消毒　火焰尤其是喷灯火焰（图2-17），温度可达400~600℃，对兔笼和部分笼具消毒效果好，但要注意防火（图

2-18）。

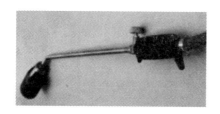

图 2-17　火焰枪

图 2-18　火焰消毒

（5）蒸煮消毒　兔舍医疗器械、工作服等，蒸煮 30 分钟可杀灭一般的病原微生物。

2. 化学消毒

适用于兔舍墙体、地面、笼具、排泄物、舍内空气、兔体表等的消毒。通常选用合适的消毒药，采用喷洒（图 2-19）、浸泡、熏蒸等。

图 2-19　化学消毒——喷雾消毒

第二节 獭兔笼舍建筑

一、兔笼建筑要求

（一）兔笼制作

分固定式兔笼和活动式兔笼两种形式。

1. 固定式兔笼

（1）规格 种兔笼长60~65厘米，深度50~55厘米，高度40~45厘米；母仔笼深度、高度不变，长度可减少一半。

（2）高度 以3层为宜，总高度一般为1.8~2米。

（3）笼壁 可采用砖木、水泥或铁制结构。用砖做笼壁，可砌成12砖；用水泥板预制件，笼壁可制成厚度为2~4厘米。笼后壁开放式兔舍，可制成厚度为2厘米的水泥板预制件；半开放式兔舍，笼后壁宜选用金属网制作，网孔直径1~1.5厘米（图2-20）。

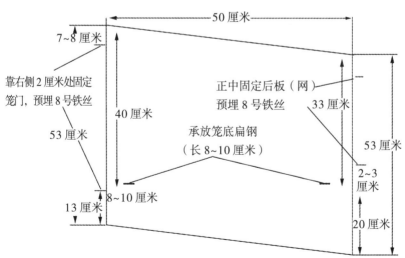

图 2-20 兔笼预制件隔墙示意图

（4）笼门 可用木条、竹条、铁丝或铁丝网制作。制作规格宽度应把兔笼规格的净宽度加上1个兔笼壁厚度；高度应根据兔笼高度减去笼底板厚度1.5~2厘米。以挡住笼底板不滑出为宜。

（5）笼底板 用楠竹制作最好。竹块宽度2~2.5厘米，间距1~1.2厘米；表面光滑。

2.活动式兔笼

一般为金属笼具，国内有多个厂家生产；选购安装时应注意以下原则。

①设计合理，符合獭兔建筑规格要求。

②材料结实，做功精细。整个兔笼四周及笼底板应光滑，无毛刺，安装稳固。

③笼门设计合理，应配备草架、饲料槽和自动饮水器。

④笼底板宜选用竹制材料，不宜选用金属网笼底板。

⑤承粪板要配置耐用、易安装、清洗方便、防漏尿水材料。

⑥安装时防止粪尿污染。离粪沟一定距离，接触地面支点可垫上自作的圆形的水泥砖10~20厘米。承粪板要伸出笼后壁8~10厘米为宜。

（二）獭兔笼具安装（图2-21）

1.单列式安装

兔舍跨度在2.5米左右，设走道1.2米1条，粪沟0.6~0.8米1条。

2.双列式安装

兔舍跨度4米，宜选用面对面式安装，中间设走道1.2米，两边设粪沟宽0.6~0.8米。

3.多列式安装

兔舍跨度8米，设1.2米走道2条，靠墙2边；中间1.5米走道1条；1米粪沟2条，两组背靠背式摆放。

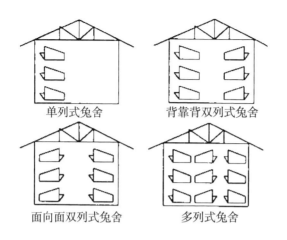

单列式兔舍　　　　　背靠背双列式兔舍

面向面双列式兔舍　　　　多列式兔舍

图 2-21　兔笼具安装方式

二、兔舍

（一）獭兔舍建筑要求

1. 基本要求

因地制宜，就地取材，兔舍设计符合獭兔的生物学特性，做到经济实用，利于饲养管理操作。

有利于提高劳动生产率。兔舍设计不合理将会加大饲养人员的劳动强度，影响工作情绪，从而降低劳动生产率。

满足獭兔生产流程的需要。獭兔的生产流程因生产类型、饲养目的而不同。兔舍设计应满足相应的生产流程的需要，设计不能违背生产流程，要避免生产流程中各环节在设计上的脱节或不协调、不配套。如种兔场，以生产种兔为目的，应按种兔生产流程设计建造相应的种兔舍、测定兔舍、后备兔舍等。商品兔场则应设计种兔舍、商品兔舍等。各种类型兔舍、兔笼的结构要合理，数量要配套。

综合考虑各种因素，力求经济实用。设计兔舍时，应综合考虑饲养规模、饲养目的、獭兔品种等因素，并从自身的经济承受力出发，因地

41

制宜、因陋就简，讲求实效，注重整体合理、协调。同时，兔舍设计还应结合生产经营者的发展规划和设想，为以后的长期发展留有余地。

兔舍要做到"六防"：防风、防雨、防寒、防暑、防鼠、防盗和干燥、通风、光线充足。

2. 兔舍朝向

兔舍以南北朝向为宜。

3. 兔舍间距

兔舍和兔舍间距一般要求 8~10 米。

4. 兔舍屋顶

屋顶的作用是防止自然因素的侵袭，如雨、雪等，且直接受太阳辐射和空气温度的影响，通过屋顶传入和传出舍外的热量约占舍内热量的 40%。屋顶要求隔热、不透水，屋面可用稻草、麦秆、石棉瓦、小青瓦制作。屋顶可设计成钟楼式，兔舍高度以 3~3.5 米为宜。

5. 兔舍地面

兔舍地面要求平整无缝、光滑不透水，能抗消毒剂的腐蚀。一般制成水泥地面，中间高，两边略低，成自然弧形，舍内地面应高于舍外地面 10~15 厘米。

6. 兔舍的墙体

兔舍墙体是兔舍结构的主要部分，它既保证舍内必要的温度、湿度，又通过窗户等保持合适的通风和光照。根据各地气候条件和兔舍的环境要求，可采用不同厚度的墙体。墙体多用砖砌成，以空心墙最好，内墙壁用水泥抹平，墙壁粉刷石灰浆。

7. 兔舍道路

设清洁通道和污染通道。一般建单车道，宽 3~3.5 米，坡度大于 10°，道路与道路相交，一般应为正交，斜交时不能小于 45°。

8. 兔舍的门窗

兔舍的门要求结实、保温，能防兽害，并方便人和车辆出入，一幢兔舍至少应设两个门，主门一般高 2 米，宽 1.5 米；侧门高 2 米，宽 1 米。

窗户的主要用途是采光和通风，一般是窗户的面积越大越好（寒

冷地区除外）。窗户的大小可按窗户的采光面积占兔舍地面面积的 15%
左右计算。窗户 1.5 米 × 1.5 米或 1.5 米 × 1.8 米，窗台距地面高度 1
米；地脚窗 30 厘米 × 40 厘米，安装铁丝网。

（二）兔舍建筑形式

兔舍按屋顶不同可分单坡式、双坡式、平顶式等（图 2-22）；按
通风情况可分为开放式、半开放式、封闭式等。

1. 单坡式兔舍

屋顶前高后低，只有一个坡向。跨度小，结构简单，前面敞开，后
面封闭。檐口高度考虑夏季太阳照射角度。

2. 双坡式兔舍

跨度较大，房舍两侧可敞开，屋顶设置开窗带。

3. 平顶式兔舍

跨度较大，多为楼房建筑。每层楼房四周应开足窗户，安装排气扇
和电风扇。还应考虑舍内中间建兔笼的采光问题。二楼以上的粪尿沟和
通向室外的通道要防漏水。

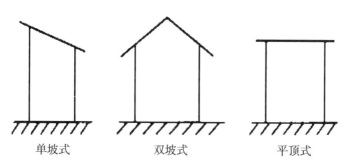

|单坡式|双坡式|平顶式|

图 2-22　按屋顶形式分类的兔舍

4. 开放式兔舍

四周无墙壁，屋梁、屋柱可用木、水泥、钢管制成，屋顶以双坡式
为好。兔笼在舍内两边，中间为走道，两边为粪沟。舍内气候接近舍外
气候。冬夏采取保温、防暑措施。

5．半开放式兔舍

四周有墙，墙体开门窗，屋顶开天窗。舍内可建双列式或多列式兔笼，舍内气候靠门、窗和天窗调节。

6．封闭式兔舍

兔舍四周完全封闭。舍内小气候完全靠安装自动控制设施调节。兔舍造价高，要求管理水平高。

第三节　设　备

一、产仔箱及保温箱

（一）产仔箱

可用木板、塑料、铁皮制作。若用铁皮制作，边缘要光滑。底部钻5~10个小孔。若用木料制作厚度1厘米即可。规格长35~40厘米，高度10~12厘米，宽度25~28厘米。

（二）保温柜

用三层板或1厘米厚木板制作。长度135厘米，高度80厘米，宽度可根据舍内过道预留宽度及产仔箱尺寸确定，可采用35厘米或75~80厘米。

兔舍附属设备见图2-23。

二、食槽和饮水器等

（一）食槽

用铁皮制成马蹄形，底前部为弧形，长度为7~8厘米，斜度长2~3厘米，伸出笼外部分5~6厘米，宽度9.5厘米，安装在笼门活动柱上。也可用陶土制作口径为14厘米、高度8厘米的圆形食缸。

（二）饮水器

最好选用自动饮水器，以乳头式为宜。安装高度育成兔离笼底板15厘米，仔、幼兔离笼底板10厘米处。日常检查漏水情况。也可选用陶瓷、瓦钵或罐头盒。

（三）草架

用木条、铁丝、竹片制成楔子形，以铁丝材料为宜。上口宽12~15厘米，长26~30厘米，高20~25厘米，间隙1~1.5厘米。

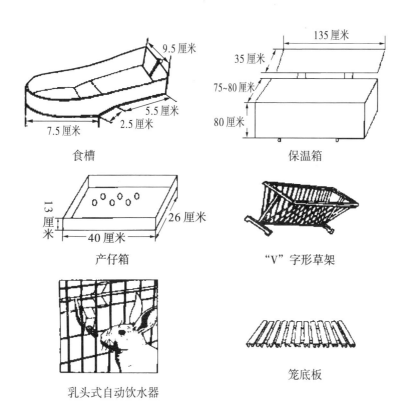

图2-23　兔舍附属设备

第三章

獭兔常见品种

第一节　獭兔品种（系）介绍

一、獭兔的来源及生产现状

（一）獭兔的来源

獭兔属总兔形目，兔科，兔亚科，穴兔属，穴兔种，家兔变种。獭兔又称力克斯兔，原产于法国，1919 年法国农夫卡隆在一窝灰兔中发现一只短毛状的幼兔，几个月后绵毛状毛脱落，露出十分漂亮的短绒。同时，在另一窝又发现了一只相同的异性幼兔。后来由法国一个牧师买下突变兔，进行繁育，并将这种兔命名为卡司它力克斯，卡司它的法文意思是"海狸"，力克斯是拉丁文"王"的意思，即兔中之王。

1924 年力克斯种兔首次在巴黎国际家兔博览会上展出，轰动了养兔界。不久，由传教士传入中国。随后，传到了世界各地，培育出了许多色型的力克斯兔。英国和美国分别培育 14 个和 28 个色型品系的力克斯兔。

（二）獭兔生产现状

当今出产獭兔的国家以中国、美国、德国、法国等较多。美国有獭兔 100 万只，德国和法国各 40 万只，90% 都是由小型兔场和养兔业余爱好者饲养。我国先后从美国、德国、俄罗斯、法国引进獭兔。目前，全国饲养獭兔约 1 000 万只，已成为世界上唯一有批量獭兔皮和制成品出口的国家，但远不能满足市场需要。因此，要加速发展獭兔商品生产、建立獭兔良繁体系、不断培育獭兔优良品种（品系），逐步使獭兔养殖向区域化、规模化、标准化方向迈进，实现獭兔产业化，促进农村经济发展，增加农民收入，推进新农村建设。

二、獭兔的品系及特征

（一）獭兔的品系

力克斯兔是皮用兔中最优良的品种之一，其皮毛与水獭皮类似，因而又称为獭兔。獭兔的品系主要根据被毛颜色不同而划分。世界上獭兔的标准色型有 36 个，我国现有 14 种。2002 年四川省草原科学研究院培育出了我国第一个獭兔新品系——四川白獭兔。

1. 海狸色獭兔

被毛呈红棕色或黑栗色，背部毛色较深，体侧颜色较浅，腹部为淡蓝色或白色（图 3-1）。毛的基部为瓦蓝色，毛干呈深橙或黑褐色，毛尖略带黑色，眼睛为棕色。若被毛呈灰色，毛尖过黑或带白色、胡椒色，前肢有杂色斑纹等均为不合格毛色。海狸力克斯兔是最早育成的色型，遗传性能稳定，抗病力强，易于饲养，皮张品质优良。

图 3-1　海狸色獭兔

2. 白色獭兔

全身被毛纯白色，眼睛粉红色（图 3-2）。毛被发黄或间有杂色毛，皆为不合格。白色獭兔抗病力不如有色兔。白色獭兔皮可

图 3-2　白色獭兔

经过加工染色，生产多种天然色型以外的彩色獭兔裘皮。

3. 黑色獭兔

全身被毛乌黑发亮，毛基部
色较浅，毛尖部较深；眼睛黑褐
色（图3-3）。如果被毛退化为灰
褐色或铁锈色均为缺陷毛色，夹
有白斑或异色毛，则不合格。

图3-3　黑色獭兔

4. 青紫蓝色獭兔

全身被毛基部为瓦蓝色，中
段为珍珠灰色，毛尖部为黑色。
背部毛色较深，颈部毛色略浅于体侧部，腹部毛色呈浅蓝或白色，眼睛
呈棕色、蓝色或灰色。毛色中出现锈色、黄色、白色或四肢带斑者均为
缺陷，呈泥土色不合格。

5. 加利福尼亚獭兔

毛被色泽与肉兔加利福尼亚兔
一样，除鼻端、两耳、四脚趾及尾
部为黑色或灰褐色以外，其余部位
均为白色，亦称"八点黑"獭兔，
眼睛粉红色（图3-4）。八个端点出
现其他颜色或底毛杂有异色毛者不
合格。

图3-4　加利福尼亚獭兔

6. 红色獭兔

全身被毛深红色，无污点，
一般背部颜色略深于体侧部，腹
部毛色较浅，最为理想的被毛为
暗红色，眼睛呈暗褐色或棕色
（图3-5）。腹部毛色过浅、变白、
出现斑块或其他变色均为不合格
毛色。

图3-5　红色獭兔

7. 蓝色獭兔

全身被毛纯蓝色，从毛尖到毛基部色泽纯一，眼睛为蓝色或瓦灰色。被毛带霜色和杂色毛为不合格。

8. 巧克力色獭兔

又称哈瓦那色獭兔。全身被毛呈棕褐色，毛纤维基部多为珍珠灰色，毛尖部呈深褐色，眼睛为棕褐色或肝脏色。被毛带锈色、白色或白斑为不合格。此色型遗传不太稳定，应注意种兔的选留和培育。

9. 银灰色獭兔

又名真灰鼠力克斯兔，全身被毛为烟灰色（蓝至深蓝色），绒毛呈灰蓝色（图3-6），毛尖变黑或白为不合格。该兔体型较大，易于饲养。

图3-6　银灰色獭兔

10. 紫貂色獭兔

全身被毛为黑褐色，腹部、四肢呈栗褐色，颈、耳等部位呈深褐色或黑褐色，胸部与体侧毛色相似，多呈紫褐色。眼为深褐色，在暗处可见红宝石色的闪光。被毛出现其他颜色为不合格。

11. 海豹色獭兔

全身被毛呈深褐色，乌贼色，颜色介于黑色獭兔与紫貂色獭兔之间，腹部毛色较浅，略呈灰白色，眼睛为棕黑或暗黑色。被毛呈锈色或带杂色者为不合格。

12. 猞猁色獭兔

全身被毛色泽与山猫颜色相似，毛基部为白色，中段为金黄色，毛尖部略带淡紫色，毛绒柔软带有银灰色光泽。毛尖或底毛发蓝，毛尖紫色太深遮盖了金黄色为不合格。

13. 紫丁香色獭兔

被毛呈粉红色或灰鸽色（淡紫色），眼睛红宝石色。毛色带蓝或褐色为缺陷，带白斑为不合格。紫丁香色獭兔育成时间较短，在国内数量

不多。

14. 宝石花色獭兔

被毛颜色可分为两类：一类
全身被毛以白色为主，杂有一种
不同颜色的斑点（图3-7）。最典
型的标志是有一条较宽的有色背
绒、有嘴环、有色眼圈和体侧有
对称的斑点，颜色有黑色、蓝色、
海狸色、紫貂色、巧克力色、猞

图3-7　宝石花色獭兔

猁色等。另一类是全身被毛以白色为主，同时杂有两种其他不同颜色的
斑点，颜色有深黑色和橘黄色、紫蓝色和淡金黄色、巧克力和橘黄色、
浅灰色和淡黄色4种。花斑主要分布于背部、体侧和臀部。此类獭兔的
眼睛颜色与花斑色泽一致。

宝石花色獭兔又叫花色獭兔、花斑獭兔或碎花獭兔，其花斑表现具
有一定的典型图案，越对称越好（图3-7）。花斑面积一般占全身面积
的10%~50%。花斑面积低于全身面积的10%或高于50%，或有色部
位出现其他杂色斑点为缺陷。

15. 四川白獭兔

全身被毛白色，眼睛呈粉红色，体型匀称、结实，头型中等，母兔
头较小，公兔头较大，双耳直立。成年体重约3.64克，体长和胸围分
别为46.5厘米和31厘米，属于中型兔。

獭兔拥有众多的天然毛色可供人们选用。目前裘皮加工企业和经销
商比较喜欢毛色个体差异较小，销势较好的有白色、黑色、红色、棕
色、银灰色和青紫蓝色獭兔皮。

（二）獭兔的特征

1. 獭兔的被皮特征

獭兔的被毛特征可用短、细、密、平、美、柔、牢7个字来概括。
所谓"短"，是它的毛纤维短，一般为1.3~2.2厘米；"细"就是毛纤维
直径小、细毛皮、戗毛少；"密"，是皮肤的单位面积着生的绒毛根数

多，手摸被毛感到特别丰满；"平"是绒毛长短均匀，整齐一致，优质的被毛，戗毛顶端不超过毛平面1毫米；"美"是獭兔的毛色类型多，色调自然、美观，色泽发亮；"柔"是于摸感到柔软，滑利而富有弹性；"牢"是毛纤维着生在皮肤上非常牢固，不易脱落。据测定，4.5月龄以上的獭兔皮的抗张强度、撕裂强度和耐磨系数都达到部颁标准，是高档裘皮制品的好原料。

2. 獭兔的体型外貌

獭兔属中型兔，成年兔体重3.5~4.5千克，体长42~50厘米。獭兔体型紧凑，结构匀称，肌肉丰满，臀部发达，从臀部到肩部逐渐变细，头小，耳直立呈"V"形，大小中等，厚薄适中；眼大而圆，明亮灵活，须眉触毛卷曲，成年兔颈部肉髯明显下垂，腿短，外貌清秀。

（三）獭兔的生物学特征

1. 夜行性

獭兔白天很少活动，夜间活跃，采食频繁，占全天采食量的70%左右，所以要注意让獭兔白天保持安静，夜晚添足草料。

2. 胆小怕惊

獭兔性情温顺，对环境适应性强。听觉敏锐，任何一种杂音都能使其受惊。为此，无论何时都应保持舍内环境安静。

3. 喜欢干燥怕潮湿

獭兔喜欢清洁、干燥、通风的生活环境。舍内一旦潮湿，发病率增高，死亡率增大，因此在饲养过程中避免潮湿。

4. 群居性差、穴居性强

不论公母兔只要群居，则经常发生咬伤，3月龄的獭兔需分笼饲养，一兔一笼。打洞也是獭兔的本能，喜欢穴居，在修建兔舍时应予考虑兔舍兔笼建材的选择。

5. 草食性和选择性

獭兔以植物性食物为主，食性广泛，植物的根、茎、叶、种子都可作饲料。但更爱吃多汁带甜味的青料及颗粒料。当饲料水分过多，精粗

料的比例不当，会引起拉稀。獭兔不喜欢吃粉料，尤其是过细的粉料，易引起消化机能紊乱或肠炎。

6. 耐寒冷、忌高温

獭兔在遮风防雨的条件下可耐受0℃以下的气温，即使–25~–15℃也可生存。獭兔怕高温，故高温季节要采取防暑措施。但刚出生的仔兔无被毛，散热面积大，对环境温度依赖性强，当温度降至18~21℃，便会冻死。所以仔兔要注意保温，窝温一般要求30~32℃，獭兔的最适环境温度15~25℃。

7. 食软粪性

家养獭兔喜欢吃自己的软粪，这一现象是正常的生理现象。獭兔晚间排出的串球团状软粪与白天排出的硬粒状粪便不同，软粪占排粪总量的50%~80%，水分约占75%，软粪排出至肛门处直接被獭兔食入，再经消化道第二次消化，有助于充分吸收饲料中的营养物质，这一行为又叫"反刍"。

第二节　种兔的选种选配技术

种兔是有效提高兔群品质的重要来源，要引进高产优质、适应性强、饲料报酬高、遗传性稳定、外貌特征符合种用要求的公母兔，在选种选配上把好关，对提高养兔的生产水平和经济效益非常关键。

一、引种

引种是养兔生产的第一步，也是家兔育种工作中的重要技术措施。实践证明，引进种兔品质的优劣，不仅关系到兔产品的数量和质量，而且对养兔生产的发展有着很大的影响，直接关系到养兔业的成败和效益。特别是刚开始养兔的单位或农户，必须高度重视。

（一）引种的原则

1. 选养品种

兔场或养兔专业户，引种前必须根据当地的自然条件和市场需求，确定饲养的品种或类型。

2. 引种基地

獭兔良种的选育、提高、保存都需要一定的技术和条件。所以，刚开始养兔的单位或农户必须到信誉和技术条件较好的种兔场去引种，千万不要贪图便宜而买回低劣兔种；不要轻信供种者的虚假承诺，要掌握种兔质量鉴别技术。

3. 引种试验

为了正确判断一个品种能否适应引进地区的饲养管理条件等，准备养兔的单位或农户最好先引进少量种兔，进行引种试验。如引进的种兔能较好地适应当地的自然条件和饲养管理技术，并表现出良好的经济价值和种用价值，在取得一定经验后，方可大量引种饲养。从我国养兔生产的现状来看，皮用兔主要集中在河北、浙江、山东、江苏、四川等省。

（二）引种的方法及注意事项

正确的引种方法应注意引种季节、年龄、数量及途中的饲养和管理等事项。

1. 引种季节

獭兔具有既怕热又怕冷的特点，且应激反应严重。所以，引种季节一般以气温适宜的春、秋两季（气温 15~25℃）合适。春、秋两季气候温和，饲料充足。春季引进的种兔到秋季就可以配种繁殖，秋季引进的种兔到第二年春季就可以配种繁殖，有利于提高引种后的经济效益。

夏季气温较高，应激反应严重；冬季气候寒冷，饲料条件较差，易受寒冷刺激，引起发病死亡，造成经济损失。特别是刚断奶的幼兔，由于饲养管理条件的突然改变，又受炎热或寒冷环境的刺激，极易造成病害，甚至死亡。所以，夏、冬两季一般不宜引种。

2. 引种年龄

种兔年龄与生产、繁殖性能有密切关系。引种年龄以 4~5 月龄的青年兔为好，这类兔子已接近成年，抗病力强，易饲养，引种后成活率高，利用年限长，种用价值高。且在引种后饲养不久就可以配种繁殖，

有利于生产发展，能获得较高的经济效益。

种兔的利用年限一般 3~4 年。所以，老年种兔的经济、生产价值较低，高价买回的老年种兔利用年限短，种用价值低，实在不合算。但是，如果年龄过小，低于 50 日龄的仔幼兔又因适应性和抗病力较差，饲养难度较大，死亡率较高，引种时也要注意。

3. 引种数量

引种数量主要取决于资金、笼舍、饲料和技术等条件。引种数量多，见效快，能尽早达到引种目的和计划兔群的规模。但对初养兔户来说，首次引种数量不宜过多，通过饲养、配种繁殖、防病治病等技术环节，取得经验后才可逐步扩群以至大力发展。

饲养獭兔应坚持自繁自养的原则，如当地已经饲养有较多数量的獭兔，则应充分利用当地的母兔资源，以引进良种公兔为主，这样既可以节省资金，又可以迅速改良原有兔群，收到事半功倍的效果。

4. 种兔运输

运输种兔可采用竹笼、纸箱或铁丝笼等，但必须通风良好，不能拥挤。3 月龄以上的公、母兔应分笼调运，避免早配。装载密度以每只占用面积 0.05~0.08 米^2 为宜，如 100 厘米 × 50 厘米 × 30 厘米的铁丝分隔笼可调运种兔 4~5 只。每个笼箱应贴有品种、性别、年龄、体重和只数等标签，以便途中管理和分送方便。箱底最好铺垫适量干草，既可食用，又可当垫草。

途中饲养主要根据路程远近、所需时间而定。一般 24 小时内可以到达目的地的，途中可不必饲喂；若路程较远、运输时间较长的，途中可适当饲喂 1~2 次，饲料宜选用易消化、含水量低和适口性好的青粗饲料。

5. 引种管理

引入种兔到达目的地后，要及时分散，单笼饲养，注意以下事项。

① 种兔运抵目的地后，不要急于喂料，可先饮 0.01% 高锰酸钾水。要防止刚引入的种兔到达目的地后暴饮暴食，以免引起胃肠道疾病。

② 为确保引种工作的顺利进行，严防各种疫病的传入，必须严格

执行兽医检疫和防疫制度，种兔运抵目的地后应隔离饲养 30~40 天，待采食正常，经检查证实健康后才能转入健康兔舍或繁殖群饲养。

③ 种兔经长途运输后，容易患感冒、腹泻和暴发巴氏杆菌病，应加强饲养管理，创造良好的环境和条件，做到良种良养，尽量减少各种应激反应，必要时应先做好兔瘟、巴氏杆菌病和 A 型魏氏梭菌病疫苗的预防接种工作。

④ 根据当地饲料条件和饲养习惯，逐渐改变原来的饲料类型和操作日程，喂料方法可采用第一天饲喂原场饲料量的 1/3，2~3 天后，再更换 1/3，7~10 天后完全更换成当地饲料，切忌突然改变。

⑤ 要随时观察引入种兔的健康状况，发现异常或病兔应及时隔离，加强护理和治疗。并做好兔场防鼠、防兽等工作。为使引入的种兔能很好适应当地饲养条件，应注意加强适应性、耐粗性锻炼，不断提高引入种兔的抗病能力。

（三）引种的客观因素

引进种兔能否获得成功，还与防疫措施、科学饲养、环境调控、良种繁殖和育种记载等因素有着密切关系。

1. 防疫措施

为有效预防引进种兔免受各种疾病的影响，控制兔病的发生和流行。引种前应首先了解引种地区的兔病流行情况，切忌兔病流行季节引种。引进的种兔必须来自健康种兔场，经产地检疫，凭合格的"检疫证明书"才能出场。

凡从外地引进的种兔到场后，必须经兽医卫生检疫，确诊无病，并经隔离饲养 30~40 天，证实健康无病后，才能进入兔场混群饲养。检疫场所应远离兔场和饲料基地，专人负责检疫兔只的饲养管理，并严格遵守兽医卫生制度。

2. 科学饲养

科学的饲养管理是引种成功的重要条件之一。实践证明，如果饲养管理不当，即使有优良的种兔、丰富的饲料、合适的笼舍，引进的种兔仍然会生长不良、品种退化、抗病力差、死亡率高，导致引种失败和带

来严重的经济损失。因此，要想获得引种成功，必须采用科学的饲养管理技术。

獭兔为草食动物，科学的饲养管理，必须遵守"青料为主，精料为辅"、"合理配料，忌喂单一"、"饲料调制，注意品质"、"定时定量，看兔喂料"、"保持安静，注意卫生"的饲养管理原则。刚引进的种兔，应尽量保持或接近原产地的饲养管理方法，做好补饲和防暑降温、防寒保暖等工作。

3. 环境调控

良好的笼舍设施和环境条件是引种成功的重要物质基础。良种獭兔引进后，由于饲养环境、饲料条件、饲养方式的改变，都可能产生一定的应激反应。因此，有必要创造符合良种獭兔生理和习性要求的理想环境。

（1）温度　温度对獭兔的生长发育、生产性能都有明显的影响。良种獭兔的适宜环境温度：初生仔兔 30~32℃，成年兔 10~25℃。临界温度 5~30℃，超过这个范围，就会给良种獭兔带来不良影响，应注意做好防暑降温和防寒保暖工作。

（2）湿度　湿度往往伴随温度而产生影响，尤其是高温高湿和低温高湿对良种獭兔的不良影响更为严重。据生产实践，良种兔舍内的相对湿度以 60%~65% 最为理想，一般不应低于 55% 或高于 70%。

（3）通风　通风是调节兔舍内温、湿度的好方法，通风还能排出兔舍内的废气和有害气体，有效地减少各种呼吸道疾病的发病率。据生产实践，一般小型兔场可采用自然通风方式，通过屋顶排气孔和进气孔进行调节，大、中型兔场可采用抽气式或送气式的机械通风。空气流速夏天以 0.4 米 / 秒、冬天以不超过 0.2 米 / 秒比较适宜。

（4）光照　光照对獭兔的生理功能有着重要的调节作用，适宜的光照有助于提高种兔的新陈代谢，增进食欲，促进钙、磷代谢，提高繁殖性能等作用。光照还具有杀菌，保持笼舍干燥，有助于预防疾病等作用。据试验，繁殖母兔每天光照 14~16 小时，可获得最佳繁殖效果。一般小型兔场可采用自然光照，兔舍门窗的采光面积应占地面的 15% 左右；大、中型兔场可采用人工光照或人工补充光照，光源以白炽灯光较好，光照强度 20~30 勒。

（5）噪声　獭兔胆小怕惊，在突然的噪声影响下可引起妊娠母兔流产，哺乳母兔拒绝哺乳，甚至蚕食仔兔等严重后果。特别是刚引进的种兔，由于环境变化等应激影响，对噪声产生的不良影响更为明显。因此，为保证引种工作的成功，必须给引进种兔创造良好的幽静环境，避免发出突然的噪声或随意惊吓兔子。

4. 良种繁殖

引种的目的就是为了大量繁殖优良后代，不断增加数量和逐步提高质量，以满足生产发展的需要。刚引进的种兔，因数量有限，故在短时间内应以纯种繁育为主，以利于迅速扩群，一般种兔场可采用人工授精、重复配种或双重配种技术，以提高良种母兔的受胎率和繁殖率；工厂化、集约化兔场可采用频密繁殖技术，使母兔在哺乳期内配种受孕，泌乳与妊娠同期进行，使良种母兔每年可繁殖 8~10 胎。

5. 配种记载

做好引进种兔的育种记载工作是引种成功的重要保证。常用的记录资料主要包括种兔配种繁殖记录和种兔生长发育记录等（表 3-1 至表 3-4）。

表 3-1　公兔配种记录表　　　　（单位：克、只、次）

与配母兔耳号	配种时间	摸胎	产仔时间	产仔数	产活仔数	初生窝重	21日龄窝重	35日龄窝重	40日龄窝重	断奶仔数	备注

表 3-2　母兔配种繁殖记录表　　　　（单位：克、只、次）

母兔耳号	公兔耳号	配种时间	胎次	产仔时间	产仔数	产活仔数	初生窝重	21日龄窝重	35日龄窝重	40日龄窝重	断奶仔数	备注

表 3-3 仔兔生长发育记录表 （单位：克、厘米）

仔兔耳号	35日龄个体重	40日龄个体重	56日龄个体重	91 日龄			161 日龄			305 日龄			备注
				体重	体长	胸围	体重	体长	胸围	体重	体长	胸围	

表 3-4 种兔生长发育记录表 （单位：根/厘米^2，厘米，%）

161 日龄被毛品质				305 日龄被毛品质			
被毛密度	绒毛长度	戗毛长度	戗毛比例	被毛密度	绒毛长度	戗毛长度	戗毛比例

二、獭兔选种的原则和方法

（一）獭兔选种的原则

首先选择体型外貌和毛色符合该品系特征，达到色型标准，坚决淘汰被毛色泽杂乱的个体。其次选择被毛品质符合"短、平、密、细、柔、美、牢"要求。绒毛丰富平整，毛纤维直立而富有弹性，平均毛长以 1.6~1.8 厘米为准，不超过 2.2 厘米。淘汰被毛粗细长短不均，皮板松弛的个体。再者选择时要考虑由于高温和强光对被毛生长和色泽造成的不良影响，最好在冬、春季进行选留种兔。最好选择獭兔早期生长发育快、体重大的个体。因为体重大，其毛皮幅张大，可利用的面积也大，商品价值就高。在进行獭兔个体选择时，也要注意其祖先与后代的被毛品质和繁殖性能，凡是亲属有遗传缺陷者应淘汰。

（二）獭兔的选种要求

选择健康无病，被毛品质好，色泽纯正，体型较大，生长发育良好；体质结实，抗病能力强；繁殖力高，遗传性能稳定的獭兔留作种用。

（三）选种的方法

一般可实行断奶（或56日龄）初选，3月龄（或12周龄）主选（大淘汰），初配前精选，成年后补选，完成选种全过程。要求公兔留种率为5%~20%，母兔20%~40%。

1. 初选

在繁殖成绩良好（胎产仔数大于7只，21日龄窝重大，断奶仔兔个数多、体重大），其父母代的生产性能优异的窝别中，选留同批断奶、健康活泼的仔兔，只淘汰少数体弱、病残的断奶兔。

2. 主选

当初选仔兔在相同饲养管理条件下达到3月龄时，逐一称测体重、体尺，计算断奶日增重及其耗料比，结合外貌及健康状况评定，选择优良个体进入后备兔群，将其主要性能指标测定成绩低于平均数的兔（占40%~50%），转入商品兔群育肥出售。

3. 精选和补选

初配前，在对体重、体尺、体型外貌进行重复评定的基础上，按照种公兔和种母兔的选择要求（外生殖器健康无病、乳头4对以上，性欲旺盛，发情正常），淘汰不合格的后备公母兔后转入繁殖种兔群，对进入配种繁殖的青年公母兔，可依其配怀率、产仔数、21日龄窝重、断奶成活率等生产成绩进行补选，特别是优秀个体进入核心群，低劣者淘汰出种兔群。

三、獭兔种兔的选留

（一）选留种公兔

俗话说"公兔好、好一坡，母兔好、好一窝"。而1只公兔1年可繁殖后代数百只甚至上千只。说明了选留种公兔极为重要。选择公兔，首先要求体型外貌符合品种特征，符合生产方向；必须健康，生长发育良好，体质强壮，性情活泼，睾丸发育良好、匀称，性欲强（可用母兔试情），有条件的场、户，配种前进行精液品质检查。生长受阻，生殖器官畸形、单睾、隐睾、小睾；阴茎或包皮有结痂、糜烂者，行动迟钝、性欲不强者，有遗传疾病如侏儒兔、牛眼、震颤、裸体、缺毛、四肢缺陷（划水脚或八字脚）等不能作种用，必须淘汰。

（二）种母兔的选择

与种公兔一样，种母兔要求体型外貌符合品种特征，健康无病（包括无遗传性疾病），外生殖器干净无炎症等。选择种母兔要求奶头数在8个以上，发育匀称、饱满，无瞎奶头、腹部柔软，无包块。对种母兔的终选，应在性成熟或初配以后，重点考查其繁殖性能和母性。凡在12月至翌年6月之间的冬春季节里，连续7次拒绝交配或交配后连续空怀2~3次者，不宜留作种用；连续4胎产活仔数均低于4只的母兔，或泌乳力不高、母性不好的，甚至有食仔癖的母兔不能留作种用。应选择受胎率高、产仔数多、泌乳力高（21天窝重大）、仔兔成活率高、断奶体重大以及母性好的母兔留作种用。

（三）种公兔、种母兔搭配比例

确定公、母兔比例，应根据不同生产类型、不同用途、不同饲养规模而有所不同。在种兔场，能繁公、母兔的比例为1：（4~5），才能保证种兔场自身选种的需要和为其他场户提供种兔时避免近亲。在商品生产场户，公、母兔比例以1：（8~10）为宜，主要考虑生产成本和经济效益。一般养兔户引种时，因母兔数量不多，尤其是幼龄兔时，为保证引种成功，公兔的比例要加大，以1：（2~3）为宜。

四、獭兔的选配技术

选配就是按照生产目标，采用科学的方法，指定公、母兔的交配，而不允许公、母兔间乱交乱配。一般讲，优良种兔所生的后代也优良，这符合遗传学原理，所谓"娘壮儿肥'、"好种出好苗"就是这个道理。在进行獭兔选种的同时，还要进行选配。选种是选配的基础，选配则是选种的继续，是提高獭兔的繁殖性能和仔兔品质，发挥良种效应的重要手段，是获得更多良种獭兔和提高獭兔生产力的重要技术措施。

（一）年龄选配

獭兔的繁殖性能及其繁殖效果与年龄有关。一般认为，壮年时的种兔生活力最强，老龄兔的种用性能随着年龄的增长而下降，而青年兔一般缺乏交配经验，尚未完全达到体成熟，身体各器官仍处于发育阶段，性细胞生活力不强。故青年公、母兔相互交配，配怀率较低，所产仔兔也较弱小，成活率不高。实践证明，壮年公、母兔交配所生的后代，生活力和生产性能表现最好。因此，在生产实践中，应尽量避免老年兔配老年兔、青年兔配青年兔和老年兔配青年兔；应该用壮年公兔配老年母兔或青年母兔，年龄过大的兔或未到初配年龄的青年兔则应禁止配种繁殖。

（二）亲缘选配

有血缘关系的公、母兔之间的选配称亲缘选配。一般把6代以内，有血缘关系的公母之间的交配称近亲交配。近亲交配可以使某个（些）优良性状尽快地固定下来，使用得当，可加快选育的遗传进展，迅速扩大优良种兔群数量，是有利的一面。但是，近亲交配也能增加隐性有害基因的结合机会，出现近交衰退现象，引起生产性能下降。表现在产仔数减少、畸形和死胎增多，仔兔体质变弱，生长缓慢，适应性和抗病力降低，发病死亡率增高。因此，为了提高獭兔生产水平和养殖效益，在一般的生产场和专业户，应尽量避免近亲交配。

第四章

獭兔生产管理技术

第一节　日常繁殖及管理技术

一、繁殖周期的选择

繁殖周期是指从上胎产仔到下胎配种繁殖的间隔时间。繁殖周期一般分为延期繁殖、半密集繁殖和密集繁殖。

（一）延期繁殖

仔兔断奶后，才配种繁殖下一胎。

（二）密集繁殖

母兔产仔后 1~2 天（24~36 小时较好）就把母兔送与公兔交配，一般又称"血配"。

（三）半密集繁殖

在母兔产仔后 8~16 天，对母兔进行配种繁殖。饲养獭兔的目的主要是为获取高质量的毛皮，而皮张质量的优劣直接受"养皮"时间和季节的影响。獭兔取皮年龄一般不应小于 5 月龄，季节以冬季取皮最好。因此，对商品獭兔生产的繁殖以适时取皮为目标，采用半密集和延期繁殖交叉的繁殖周期为宜，也可 3 种类型繁殖周期交叉进行。

二、配种前的准备

（一）制定配种计划

为防止乱交滥配和近亲繁殖，做到有计划使用公兔，应对种兔建立系谱档案，然后根据系谱、繁殖力和生产性能，编制出配种计划表，使受配母兔与交配公兔的分配科学、合理，达到合理使用公兔的目的，并做好记录记载。配种计划应根据选育目标和生产目的而制定。

（二）适宜的公母比例

按照公母兔比例要求，每只公兔可负责 5~10 只母兔的配种。一般种兔生产，公母比可按 1：（4~5）的比例，商品生产，公母比可按 1：（8~10）的比例。对体弱有病，老年兔（3 年以上），公兔性欲不强，精子活力差；母兔产仔数低，泌乳力差，母性不强；毛被质量差的公母兔，应及时淘汰。

（三）合理的种群结构

生产种兔群，种兔应保持合理的年龄比例结构。一般种母獭兔使用年限 2.5~3 年，公獭兔 3 年，每年有 1/3 左右种兔被淘汰。其合理的种群结构比例为壮年兔占 50%，青年兔占 30%，老年兔占 20%。因此，每年要选留 1/3 以上的后备兔，并从中进一步选择优秀个体作为后备种兔的来源。整个种兔群以青、壮年为主，应严格控制老龄种兔比例。

（四）配种期的饲养

配种期的饲养应注意以下几个方面：公母兔每天应增加运动量，有充足的光照；公兔应增喂动物性饲料，如蚕蛹、鱼粉或鱼肝油等；在缺青绿饲料季节，须保证维生素 A、维生素 E 的供给。冬季可补充发芽大麦、胡萝卜等，能促进发情。公兔在换毛期需要大量蛋白质形成绒毛，蛋白质供给不足，将影响正常精液品质和胚胎的发育及泌乳，所以换毛期不宜进行繁殖，而且也不易受孕。因此，安排繁殖计划时，应

适当避开换毛期。

（五）配种年龄与年龄选配

1. 初配年龄

种公兔 6~7 月龄，种母兔 5~6 月龄。

2. 年龄选配

一般要求壮年兔（1~2 岁）配壮年兔，壮年兔配老年兔（2~3 岁），壮年兔配青年兔（1 岁以下）。切忌老年兔配老年兔。

（六）配种季节

獭兔虽然在一年四季都可繁殖，但也仍有其季节性。一般春、秋两季是獭兔繁殖的黄金季节。如能做到冬季防寒保暖，夏季防暑降温，同时加强营养与饲养管理，保证种兔的健康体质，则可一年四季繁殖。

（七）配种时间

配种时间应根据各季节气温变化情况适当调整，最好安排在气温适宜的时间。如夏季配种安排在清晨和傍晚，冬季应安排在中午和下午。

（八）配种禁忌

身体过肥或过瘦不宜交配；患阴道炎、梅毒等生殖器官疾病不得交配；不到初配年龄的不配；长途运输中禁止偷配，经过长途运输的兔子必须休息 15 天后才能进行配种。

三、妊娠与妊娠检查

（一）妊娠期（怀孕期）

精子与卵子在母兔体内结合为合子，称为受精。从受精卵开始发育到分娩这一时间为胚胎期或叫妊娠期。妊娠期是从交配的第二天算起，一般为 30~31 天，妊娠期在 29~34 天所产仔兔均能成活。怀孕期的长短因年龄、营养水平、胎儿数量等有所差异。如老龄母兔比青年母兔怀孕期长；怀胎儿数量少的比数量多的怀孕期长；营养状况好的比差的怀孕期长。

（二）检胎

1.复配检查法

母兔配种5~7天以后，将其放入公兔笼内进行复配，如母兔不接受公兔交配，在笼内转动，并发出"咕咕"的叫声，或臀部下卧，夹着尾巴躲避在一角，毫无交配表现，则认为母兔可能怀孕。如果母兔表现亲近公兔，并频频举尾，愿意接受交配时，一般没有妊娠。但此方法准确性不高。

2.称重检查法

母兔配种时即称重，记下重量，隔10~15天后再称重，若重量增加明显，可视为怀孕；否则视为未孕。如果母兔未孕，耽误时间较长，此法准确性亦较差。

3.摸胎检查法

一般在母兔交配10天左右进行，有经验的技术人员或饲养员可在8天即能确定母兔是否怀孕。具体方法是，摸胎时把母兔放在桌上或地上，兔头向摸胎人的胸部，一手掌向上用拇指和食指作"八"字形，从前腹腔部向后轻轻触摸（图4-1）。如腹部柔软如棉，表示未受孕；如感觉腹部较紧张，并摸到像胡豆大小、表面光滑、富有弹性、能滑动的肉球，则可确认受孕。

图4-1　摸胎检查法

但要注意胎儿与粪球的区别，粪球像花生米、表面粗糙、一般较硬、无弹性、分布面积较大；胎儿则较柔软，表面光滑有弹性。摸胎方法操作简便，准确性较高，在生产实践中普遍应用，但检查时要小心，严防粗暴按压或拍打母兔，以防造成流产。

四、分娩

胎儿发育成熟由母体产道排出体外的过程叫做分娩，也就是人们常说的母兔"下仔"。母性强的母兔，尤其是经产母兔，产前会出现外阴红肿含水、扯毛、做窝、乳腺挤出乳汁等现象（图4-2）。但有少数母兔临床征兆不明显。母兔产仔大多在天亮前至中午这段时间。正常情况下，20~30分钟就可将全部胎儿产出，极个别的需1小时左右，母兔分娩一般

图4-2　分娩前扯毛做窝

不需人工照顾，它自己将胎衣（胎盘）吃掉，舔干仔兔身上的胎水、血污，产仔结束后母兔自动跳出产仔箱。但也有个别母兔产下一批仔兔后，间隔数小时，甚至数十小时再产第二批仔兔。

五、喂乳

母兔一般在妊娠后29天开始泌乳。母兔产仔后自动给仔兔喂奶（图4-3），多在早晨8点钟左右，每日一次，一次时间约需5分钟，喂完后自动跳出产仔箱。对于极个别初产和母性不强的母

图4-3　喂乳

兔，实行强制哺乳，一手抓住母兔双耳和颈皮，另一只手抓住臀部皮肤，让母兔呈站立姿势，让仔兔哺乳。

六、种獭兔使用年限

獭兔的繁殖能力随着年龄的增长，约从24月龄后，无论是妊娠次数或是胎产仔数均会逐渐下降，所以种兔均有一个适宜的使用年限。视饲养管理条件好坏和种兔的体况，繁殖能力可适当延长或缩短。

七、捉兔方法

捉兔是管理上最常用的手段，如果方法不对，伸手抓住两只耳朵或背腰皮肤甚至抓着后腿倒拉倒提（图4-4至图4-6），都会造成不良后果，因为獭兔耳大，多是软骨，它承受不了全身重量。而耳朵的神经、血管丰富，用力抓住两耳会使兔子因感疼痛而挣扎，容易造成耳根损伤下垂。獭兔有跳跃向上的习惯，倒提势必使其挣扎向上，可导致脑充血死亡。提其腰部会损伤皮下组织或内脏，影响健康。

图4-4 错误捉兔

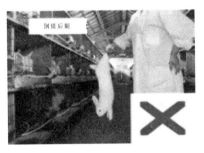

图4-5 错误捉兔

图4-6 错误捉兔

正确捉獭兔的方法是先从头向顺毛被方向抚摸獭兔使其勿受惊，然后一手抓住颈部后皮及双耳，另一手迅速托住兔的臀部轻轻提起，让兔体重量主要落在人的手上，并使兔四脚朝前（图4-7）。这样既不伤兔，

又可防止兔抓伤人。

八、年龄鉴别

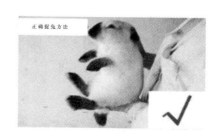

图4-7　正确捉兔方法

青年兔趾爪平直，短而藏于脚毛之中，颜色红多于白；眼睛明亮有神，毛被光滑且富有弹性，门齿短小，洁白而整齐。老年兔则趾爪粗长，爪尖弯曲，颜色白多于红；眼神无光，门齿暗黄，排列不整齐，常有破损现象；皮厚松弛，肉髯肥大，行动迟缓。1岁左右的壮年兔，特征介于上述两者之间。

九、性别鉴定

（一）仔兔的性别鉴定

主要根据阴部的孔洞形状和距肛门的远近来区别。孔洞呈扁形，距肛门较近者为母兔，孔洞呈圆形，距肛门较远者为公兔。

（二）断奶幼兔的性别鉴别

主要观察外生殖器。将幼兔腹部向上，用手轻压阴部开口处两侧皮肤，母兔呈"V"字形，下边裂缝延至肛门，没有突起；公兔呈"O"

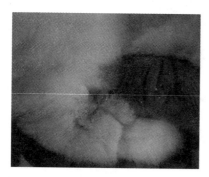

图4-8　母兔性别鉴定

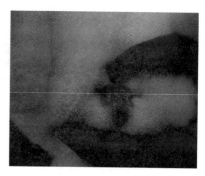

图4-9　公兔性别鉴定

字形，并可翻出圆柱状突起（图4-8、图4-9）。

第二节 不同季节的生产管理

獭兔的生长发育与外界环境条件紧密相连。不同的环境条件对獭兔的影响不同，而我国的自然条件，不论气温、雨量、湿度还是饲料的品种、数量、品质都有着显著的地区性和季节性的特点。因此，四季养兔就应根据獭兔的生物学特性和各地区的季节特点，采取相应的科学饲养管理方法，才能确保獭兔健康，促进养兔业的发展。总的要求是雨季防湿、夏季防暑、冬季防寒、春秋季抓好配种繁殖。

一、春季的生产管理

我国南方春季多阴雨，湿度大，适于细菌繁殖，对养兔是最不利的季节，兔病多，死亡率在全年为最高（尤其是幼兔）。这时虽然野草逐渐萌芽生长，但草内水分含量多，干物质含量相对减少，而獭兔经过一个冬季的饲养，身体瘦弱，又处于换毛期。因此，春季在饲养管理上应注意防湿、防病。北方的春季多风沙，早晚温差较大，也对养兔不利。春季是母兔发情旺季，配种繁殖受胎率高，产仔数多，仔兔成活率也高，是母兔繁殖的大好季节。应抓住时机搞好春繁。然而早春青绿饲料相对缺乏，气候多变，多种传染病容易发生。因此，在春季饲养管理上应注意做好如下工作。

（一）保证饲料供应，抓好过渡

春季应严格掌握饲料的品质，早春青绿饲料缺乏，要保证维生素类饲料的供应。随着气温的回升，青绿饲料快速生长，但由于青饲料幼嫩多汁，适口性好，应控制喂量，把握数量，做到不喂霉烂变质或夹带泥浆、堆积发热的青饲料；冬储的青干草等经过冬雪秋雨，受潮发霉，或者保管不当也会腐烂变质，易引起中毒。实践证明，春季饲料中毒现象较多，主要原因是误食返青草中不易辨认的有毒野草所致。獭兔饲料由

干草型向青草型的过渡要逐步进行，控制青饲料给量，做到青干搭配，避免贪食。

青饲料在饲喂上要注意：开始喂时，先少后多，逐渐增加，切忌过食而引起消化道疾病；阴雨多湿天气要少喂高水分饲料，适当增喂干粗饲料；雨后收割的青饲料要晾干后再喂；饲料中最好拌少量杀菌、健胃的添加剂。

（二）搞好卫生，预防疾病

春季是多种传染病的暴发季节，对养兔造成一定的威胁。所以兔舍要清洁卫生，做到勤打扫、勤清理、勤洗刷、勤消毒，笼舍内无积粪、无臭味、无污染。同时，做好兔瘟、巴氏杆菌病、魏氏梭菌病和传染性鼻炎的预防工作。

（三）搞好春繁配种

春季早晚湿度大，幼兔易患感冒、肺炎等疾病，甚至引起死亡。要做好幼兔的早晚保温，要使哺乳母兔有足够的奶水，对仔兔应适时作出调整，一月龄断奶，体重能达 1.2~1.5 斤（1 斤 =500 克）就是成功。对断奶幼兔喂食要掌握"少喂多餐"，并要适当添喂干燥洁净的青干草，以减少胃肠道疾病的发生，达到提高仔幼兔成活率的目的。

春季公兔性欲旺盛，母兔发情正常，是繁殖的黄金季节。此时配种受胎率高，产仔数多，仔兔发育良好，体质健壮，成活率高。进行商品兔生产可采用频密繁殖法，连产 2~3 胎后再进行调整，秋后利用复配法提高种公兔的应用效果，提高母兔受胎率和产仔率。因为种公兔长期不用，故头几次使用精液中精子质量差（如活力低、死精多等）。天气好坏和配种操作方法是否妥善，对受胎率、产仔率都有影响，应选择晴朗、无风的早晚时间配种，并且与配母兔应是发情中期。

（四）防备倒春寒

掌握天气变化规律。春季气温极不稳，尤其是 3 月份，时有寒风和雨雪，气温常忽高忽低，极易诱发兔感冒和患肺炎，特别是冬繁幼兔刚断奶，更容易发病死亡，故要精心管理，严加防范。遇降温天气，要关闭兔舍门窗；生火取暖的兔舍，保持恒温；低温返潮的兔舍，可用草灰、炉灰或干锯末铺垫；室内兔舍做好防寒防潮的同时，还要排污换气，保持空气新鲜；有风天气开窗时，要背风开窗，不要顺风开窗，更应防止冷风侵袭兔子。

二、夏季的生产管理

夏季是最难养的季节之一，有"寒冬易度，盛夏难养"之说。气温高、湿度大、病菌多，獭兔因汗腺不发达，常受炎热影响，对生长极为不利。食欲减少、体质瘦弱、性功能减弱，配种受胎率低，产仔数少，成活率低，这个季节对仔兔、幼兔的威胁大，应避开夏季配种繁殖。在夏季饲养管理上应该注意防暑降温和防病灭病工作。

（一）防暑降温

防暑降温是搞好獭兔饲养的关键。高温对家兔特别是獭兔会产生诸多不利影响，故必须采取相应措施，主要措施有以下几点。

1. 隔热

特别是对屋顶或笼顶一定要采取隔热措施。

2. 通风

在舍内空气比较干燥时，可采用湿式冷却法降温，同时加大气流。舍内温度过高时，可在舍内安装电风扇，增设门窗、湿帘等通风降温。

3. 遮阳

不能让阳光直接照射在兔笼上。我国不少地区采用遮阳网，效果很好。兔舍周围可种植枝叶茂盛遮阳的大树，或搭建凉棚或种植藤蔓植物，如葡萄、丝瓜等，使舍内凉爽通风。也可以加宽屋檐、窗外设挡阳板等。

4. 绿化

兔场及兔舍周围种植树木、牧草或饲料作物等，覆盖地面，可缓和太阳辐射、降低环境温度、净化空气、改善小气候。

5. 降低饲养密度

降低舍内的饲养密度，就等于减少了热源，对缓和高温的不良影响

有好处。笼内兔只密度小，兔只不拥挤，可防止中暑。

6. 舍内降温

一是喷雾冷却法，将低温水在舍内呈雾状喷出进行降温；二是蒸发冷却法，在屋顶、笼顶、舍内洒凉水，使水分蒸发时吸收和带走热量；三是可在笼内放湿砖。以上方法只能在室内空气干燥、通风良好的情况下使用，否则反而会加剧高湿环境对兔体的不良影响，高温高湿的危害更大。

（二）做好防潮

保持舍内清洁干燥，通风换气。地面返潮可撒干的草木灰或生石灰等吸潮。夏季阴天空气潮湿，会引起一系列的变化。如饲料水分含量增加，易发霉变质；兔舍潮湿，易使细菌及多种微生物滋生，引起疾病。要经常检查兔舍的门窗，防止雨水侵入兔舍。

（三）减少应激反应

1. 固定饲养员及工作服

最好保持饲养员长期固定不变，统一工作服装。避免饲养员生面孔、生气味或奇装异服使兔子受到惊吓而产生应激反应。

2. 保持安静，防止骚扰

兔舍外的动静要轻巧，驱除噪声影响，保持兔舍环境安静，减少噪声应激反应。饲养员不轻易捕捉兔子，并且避免生人进入兔舍，同时应防止狗、猫、鼠等的侵袭。

3. 预防疾病

夏季高温多湿，兔的常见病主要是肠道传染病和球虫病等，搞好卫生，减少疾病，是保证兔安全度夏的重要措施之一。夏季蚊蝇滋生，鼠类活动频繁，给传染病的防治带来了难度。所以，要切实搞好饮食卫生、笼舍卫生和环境卫生，消灭鼠害。每周用消毒药水喷洒消毒地面一次，用3%~5%过氧乙酸喷洒笼舍，喷洒药物消灭蚊蝇。及时处理粪便，堆积发酵。搞好接种防疫工作，每天坚持观察兔群，以便及时发现问题，做到无病早防，有病早治。

（四）精心饲养

1. 合理调整饲喂时间

夏季气候炎热，往往食欲不振，兔采食量少，应及时调整给料量和喂料时间，每天喂料时间要做到早餐提早喂，晚餐推迟喂，中午多喂青绿饲料。把一天饲料的80%安排在早晨和晚上，粗料、湿料要少喂勤添，防止剩料腐败。

2. 防止饲料变质

夏季潮湿，饲料易吸水，要保管好饲料，防止饲料发霉变质。每次饲喂颗粒料前应检查食槽剩余饲料是否霉变，遇到有饲料结块及时清除。还要经常检查饲料的品质，发现霉变，及时更换。不卫生的饲料或不清洁的饮水，易引起兔的肠炎等疾病。所以，在潮湿季节的饲料中添加1%~3%的木炭粉，可预防腹泻。

3. 供给充足清洁的饮水

供水量可根据獭兔的年龄、生理状态、季节和饲料特点而定，夏季饮水以供应低温水为好。在饮水中加入1%~1.5%的抗菌药，可预防肠炎。

（五）停繁停配

夏季停繁停配，是减少兔体产热和减轻兔体散热负担的重要措施。受高温天气影响，一般来说，当温度上升到32℃以上，公兔精液品质下降，母兔发情不规律或根本不发情，受胎率低。因此，在高温季节，自然条件下尽量不要配种和繁殖。母兔妊娠后，体内的物质代谢加强，产热量也相应增加，从而加重了兔体散热的负担。温度上升到35℃时，兔可能发生死亡。

对于条件较好的兔场，可控制兔舍温度小于30℃，在7~8月份的高温天气，也可以把握时机适时配种。夏季配种应安排在上午9:00之前或傍晚6:00之后。

三、秋季的生产管理

秋季天高气爽，气候干燥，饲料充足，营养丰富，是饲养家兔的好季节，应抓紧繁殖。但成年兔秋季又进入换毛期，换毛的家兔体弱，食欲减退，应多供应青绿饲料，并适当喂些蛋白质高的饲料。早晚温差大，容易引起仔、幼兔的感冒、肺炎和肠炎等疾病，严重的会造成死亡。秋季是一年中獭兔配种繁殖的第二个黄金季节，秋季的饲养管理重点是抓好秋繁和换毛期管理。

（一）把好繁殖关

1．做好繁殖群的调整

每年8月对兔群进行一次全面调整，将3年以上老龄兔、繁殖性能差、病残等无种用价值的兔淘汰，选留优秀后备兔补充种兔群，种群的更新率一般为40%。

2．抓好秋繁配种

（1）配种时间　可提前配种，连繁3胎，如7月中旬配种，8月中旬产仔；8月末配种，9月末产仔；10月末血配，11月初产仔。也可安排在8月中下旬配种，因为此时配种，待产仔时已是中秋，气温适宜，利于獭兔的繁育。

（2）增加精饲料　因夏季高温对公兔精液品质影响的改善需要较长时间（约15天），因此应提前15~20天调整日粮结构、加强营养。为搞好繁殖，提高受胎率，要把换毛期的公兔饲养在舍内最凉爽的地方，并让其适当运动，增加蛋白质饲料，增进食欲。对换毛期的母兔要多喂青绿饲料，适当增喂蛋白质饲料，改善食欲，保证种兔有上等膘情。

秋季是獭兔的换毛季节，营养消耗多，体质瘦弱，应加强饲养管理。应多喂青绿多汁饲料，适当加喂蛋白质含量较多的精饲料，切忌喂露水草和雨后未晾干的青绿饲料，以防引起肠炎等消化道病。

（3）及时贮备粗饲料　立秋霜后，树叶凋落，要及时采收饲草备以冬春饲喂。采收过晚，饲草纤维化，供消化营养的成分就降低了。

（二）把好气温关

秋季气温差异较大，为了使獭兔能够健康生长，必须注意以下几个问题。

夏末秋初，气温依然较高（俗称"秋老虎"），所以，此时既要加强兔的营养，也不能忽视降温工作；由于白天天气炎热，兔子白天采食少，所以喂料要早晨早喂，下午迟喂，夜间要加足夜草；要让种兔有一个舒适的环境充分休息。中秋和晚秋气候转凉，温度变化大，母仔的抗病力差，要注意保温防止感冒；做好秋末冬初的饲料更新，由于此时饲料的粗纤维成分增加，要适当加喂一些鲜嫩多汁饲料，但要逐渐改变。否则特别容易引起幼兔食欲下降和胃肠疾病。

（三）把好疫病预防关

秋季是兔子疾病多发季节，在气温渐凉、寒热不定、兔舍潮湿、通风不良的情况下，特别是幼兔容易感染病毒引起感冒、肺炎及鼻炎等呼吸系统疾病。一是从饲养管理入手，加强常见病、寄生虫病（尤其是球虫病）等的防治；二是做好兔瘟、巴氏杆菌病等的免疫接种工作，入秋必须对全群兔进行兔瘟、巴氏杆菌疫苗预防注射。

獭兔传染性鼻炎作为高发病之一，一年四季均可发生，以秋末多发，呈散发或地方性流行。青年兔和成年兔发病率较高，兔群发病率在30%~50%。气温突然变化，忽高忽低，兔舍空气污浊、潮湿、通风不良，兔群拥挤，长途运输，饲料质量差，饲养管理不当，其他疾病或任何应激均可导致兔的抗病力下降，病菌大量繁殖并毒力增强，引发疾病。应坚持"以防为主，防重于治"的原则，早期治疗效果较好，晚期效果不理想，而且容易反复。

四、冬季的生产管理

冬季天气寒冷，日照时间短，青草缺乏，仔幼兔具有畏寒的特点，对獭兔饲养管理要求较高。因此，冬季养好獭兔已成为养兔户急于解决的问题。冬季饲养管理的重点是做好防寒保温和冬繁冬养工作。现将冬

季养獭兔的几项工作作如下介绍。

（一）做好防寒保温

兔舍保温是冬季管理的工作重点。兔舍中的温度应经常注意保持平衡，不可忽高忽低。否则家兔易得感冒。獭兔生长的最佳温度为15~25℃，兔舍温度应保持在10℃以上。气温在0℃以下，要加强保温措施，室内笼养的兔要关闭门窗，或在不影响通风换气的前提下，给兔舍窗户钉塑料布，挂门帘。有条件的兔场，可安装暖气取暖，但要解决好兔舍保温和空气质量的矛盾。温暖的中午可打开窗户或利用排风扇排出室内污浊空气，保持舍内空气清新。特薄及简易的兔舍，冬季可以在屋顶加盖草帘、墙外垛草堆保暖。

（二）加强饲养管理

冬季气温低，獭兔热能消耗大，其维持生长需要的能量比其他季节多，所以要提高日粮能量水平或加大饲喂量。冬季青饲料少，应设法每天喂一些青绿饲料或菜叶、胡萝卜，以补充维生素。不论大小兔，日粮的给量，要比其他季节增加1/3。要喂些能量高的饲料，如大米等。不能喂冰冻的饲料，冬季喂干饲料应当调制后再喂。同时要注意饮水，在低温下以饮温水为宜。冬季夜长，晚上要增喂一次。

（三）抓好冬繁配种

1. 调整种兔群

初冬是商品獭兔出栏的好时期，因此，我们要充分利用这个大好时机，对整个兔群来一次大整顿，将繁殖力强、后代生长速度快的青年母兔和性欲旺盛、配种能力强、后代表现好的青年种公兔留作种用。淘汰体弱多病、产仔率低、后代表现不好的种母兔，淘汰性欲低、配种能力差的种公兔，淘汰老龄的种母兔及种公兔。对表现良好的青年公母兔要留作种用，公母比例至少要1：8。种兔群的年龄结构为：7~12月龄的青年兔25%~35%，1~2岁的壮年兔35%~50%，2~3岁的老年兔25%~30%，这样可保持兔群比较强的繁殖力。

2. 冬季繁育

搞好冬季繁育，只要给獭兔创造恒温环境，进行冬繁冬养完全可能。应利用中午阳光充足的时候安排獭兔配种。配种要把握好农谚：粉红早，黑紫迟，大红正当时。种母兔配种后 12 天要及时摸胎，冬季日照时间短，气温低，这不利于母兔生殖激素的分泌，造成母兔卵巢活动机能减弱或发情不明显。因此，要搞好獭兔冬繁应人工补充光照至 14~16 小时，每天早晨 6 点至 7 点半，傍晚 5 点至 8 点半开灯，弥补光照不足。且经常检查母兔发情，以免错过发情时机。

3. 提高仔幼兔成活率

冬季仔、幼兔成活率较低，这与仔、幼兔生理特性有关。仔兔刚出生后，对体温的调节机能不完善，饲养时必须注意保温。产仔箱内放入柔软的垫草，用母兔生产时拉下的腹部绒毛包裹仔兔。

在獭兔生产中，幼兔难养，成活率低，对环境条件要求高。因幼兔生长发育快，胃肠容积小，常由于贪食导致消化不良。幼兔神经调节机能不健全，受应激因素，如断奶、笼舍及饲料改变、疫苗注射等影响，幼兔的抗病力下降。如果冬季幼兔舍温度过低，常引起幼兔腹泻疾病，所以冬季幼兔舍温度应维持在 15℃ 以上。

（四）适时屠宰、取皮

一般多在当年冬季 11 月份至来年 2 月份开春前，6~6.5 月龄、体重 2.75 千克以上取皮为好，皮质、毛色均佳。挑选皮张面积大小不低于 770 厘米^2，放置在相对湿度 50%~60%，温度 10℃，远离鼠害、虫害的地方保存，根据市场行情，及时出售皮张。

（五）疫病防治

冬季病原微生物不活跃，兔病较少，但也要做好兔瘟、兔巴氏杆菌病、兔魏氏梭菌病、兔球虫病等疾病的防治工作。贯彻防重于治的原则，按时消毒，定期进行预防接种。仔幼兔饲料中定期交替投喂抗球虫药物。

第三节　不同生理、生产阶段獭兔的生产管理

一、种公兔的生产管理

俗语说"公兔好，好一坡；母兔好，好一窝"，种公兔在兔群中的比例虽然较小，但对整个兔群的生产性能和品质高低起决定性作用。种公兔的饲养目的是配种，不但要求种公兔符合该品种的特征、特性，而且要求其生长发育良好，体格健壮，性欲旺盛，精液品质高，常年保持中等或中等偏上体况。除遗传因素外，饲养管理、营养、环境等诸多客观因素都会不同程度影响种公兔的繁殖能力。

（一）饲料营养要全面均衡

种公兔日粮中的营养成分，尤其是蛋白质、维生素和矿物质等对保证精液品质有重要作用。

公兔精液中的干物质及与性活动有关的各种腺体分泌物中的主要成分由蛋白质构成，故精液质量与饲料中蛋白质的质量关系极为密切。日粮中蛋白质充足时，种公兔的性欲旺盛，精液品质好，不仅一次射精量大，而且精子密度大、活力强，母兔受胎率高。日粮中的动物性蛋白饲料能够显著提高精子的活力和受精能力，所以种公兔的日粮中除添加豆粕、苜蓿等植物性蛋白饲料外，还要喂给鱼粉、血粉等动物性饲料（在日粮中的比例一般不超过5%）。

日粮中维生素水平，如维生素A、维生素E等对种公兔的性欲和精液品质密切相关。维生素A缺乏时，会引起公兔精子数减少，畸形精子数增多。因此，对于规模型兔场，饲喂全价配合饲料时，一定要注意青绿饲草等富含维生素的饲料或维生素类添加剂的添加。对于小规模兔场，可适当补充青绿饲料，冬季青绿饲料少，容易出现维生素缺乏症。

矿物质中的磷系精液组成中所必需，故要注意日粮中添加糠皮等含磷饲料。日粮中缺钙时，精子发育不全，活力降低，公兔四肢无力。饲粮中加入 2% 的骨粉即可满足公兔对钙的需要。但要有合理的钙、磷比例，一般以（1.5~2）：1 为最佳。锌对精子成熟有重要作用，缺锌时，精子活力降低，畸形精了增多。

另外，对种公兔的饲养，要考虑到日粮中营养的长期性。因为精细胞的发育过程需要一个较长的时间，饲料变动对精液品质的影响很缓慢，对精液品质不好的种公兔改用优质饲料来提高精液品质时，需要长达 20 天左右才能见效。因此，对一个时期集中使用的种公兔，在配种前 20 天左右就应调整日粮，达到营养价值高、营养物质全面、适口性好的要求。

在种公兔饲养管理上，要合理调配日粮，采用高蛋白、低脂肪饲料配方，不宜喂过多能量和体积大的秸秆粗饲料，或含水分高的多汁饲料，要多喂含粗蛋白质和维生素类的饲料，保持种公兔适宜的体况。种公兔可以通过对其采食量和采食时间的限制而进行限制饲养，在喂给混合料时，每天补给的混合精料或颗粒料不超过 50 克；自由采食颗粒料时，每只兔每天的饲喂量不超过 150 克，同时每天食槽中有料时间不超过 5 小时，其余时间只给饮水。

（二）合理安排配种

1. 配种准备期

（1）种公兔饲养方式　单笼饲喂，笼底板要结实、光滑，有一定的活动空间。

（2）检查种公兔月龄　初配年龄 6~7 月龄，体重达到成年种公兔体重的 80% 为宜。

（3）检查公兔生殖器官　两个睾丸大小匀称，无单睾、隐睾，有条件的可采精液进行精子活力检查。

（4）检查公兔换毛情况　种公兔在换毛季节（春秋两季）不宜配种。

（5）检查公兔健康状况　公兔体质健壮，食欲佳，性欲强，无皮肤、生殖器疾病，粪便正常。

（6）补喂适量的青绿饲料　给种公兔添加青绿饲料，青绿饲料不足

的养殖场应添加维生素 A、维生素 E 等添加剂。

2. 配种期

（1）补充营养　适当增加精料喂量，或添加适量的蛋白质饲料。不宜喂给过多的低浓度、大体积、多水分的粗饲料和多汁饲料。

（2）种公兔体况　种公兔不宜过肥过瘦，保持中等体况。

（3）公母兔比例　商品獭兔场或专业户以 1:（8~10）为宜；种獭兔场以 1:（4~5）为宜。若采用人工授精可减少公兔的数量。

（4）配种强度　在配种旺季，不能过度使用公兔，种公兔每天最多配种两次。青年公兔 1 天配种 1 次，连用 2~3 天，休息 1 天；成年公兔 1 天配种 1 次，一周休息 1 天，或 1 天配种 2 次，连用 2~3 天，休息 1 天。每天配种 2 次时，间隔时间至少应在 4 小时以上。一个月以上未交配的公兔，应作 2~3 次无效交配后再使用。种兔生产不宜采用双重配种，可采取重复配种，以免血缘混杂。

（5）配种方法　配种时一定要把母兔捉到公兔笼内，切勿把公兔捉到母兔笼内，每天配种一次或两次，上、下午各一次或第二天上午重复一次，配种间隔时间以 8~10 小时为宜。

（6）配种季节　春、秋两季是最佳的配种季节。冬季配种时，上午可将时间推迟到 9~10 点，下午可提前到 5~6 点；夏季配种时，上午可提前到 6~7 点，下午可推迟到 8~9 点。

（7）做好配种记录　在种公兔的引进与选留时应结合其父母、半同胞、同胞的生产成绩，对其做详细、全面的检查，以得到准确的评分。有条件的兔场应该建立健全种兔的系谱资料，避免近亲交配而导致的生殖器官畸形和性腺发育不全。配种时，一定要按配种计划进行，不能乱交滥配。记录配种公兔耳号、笼号，与配母兔耳号、笼号及配种时间。

（三）饲养管理要精心

1. 控制体重

种公兔的种用价值不是看其外表，而是看它是否将其优良的品质遗传给后代，即其配种能力的高低。种兔体型过大会出现的问题主要有：体型过大发生脚皮炎的概率增大；体型过大性情懒惰，反应迟钝，配种能力下降，配种占用时间长，迟迟不能交配成功；体型越大，消耗的营养越多，经济上也不合算，种用寿命越短。

控制种公兔体重是一个技术性很强的工作，应在选种后备期开始，配种期坚持，采取限饲的方法，禁止其自由采食。但也切忌喂给适口性差、容积大、水分过多或难以消化的饲料，如配种期玉米等高能量喂得过多，会造成种公兔过肥，导致性欲减退，精液品质下降，影响配种受胎率；饲喂大量体积大、多水分的饲料，导致腹部下垂，配种难度大。正确的方法是饲料质量要高，但平时应控制在八分饱，在休情期饲料不宜过好，以防体况过肥。

2. 控制初配时间

如果过早配种，不仅影响其自身生长发育，还影响后代的质量，减少公兔的使用寿命，造成早衰。一般来说，3 月龄以后，应及时将留种的后备公兔单笼饲养，做到一兔一笼，将那些不留种的公兔及时出售。一般认为，公兔体重达到成年体重 80% 以上时可达到合适配种的初配月龄。通常种公兔利用年限为 2.5~3 年，饲养管理水平高可延至 4 年，以后随年龄增长，性欲、精液品质、交配能力逐渐下降，所以应对年龄过大的种公兔及时淘汰。穆秀明等认为，不同年龄阶段种公兔精液品质有差别，2~3 岁精子活力和密度显著优于其他年龄组，而 1~2 岁时精子畸形率显著低于其他年龄，因此以 2 岁的公兔精子为最佳。

3. 控制环境

种公兔群是兔场最优秀的群体，应特殊照顾，给其提供理想的生活环境（清洁卫生、干燥、凉爽、安静等），减少应激因素，适当增加其活动空间。

獭兔适宜温度为 18~25℃。当室温超过 30℃时，种兔食欲下降，性欲减退；而 35~37℃短暂周期性自然高温就能使公兔精液品质下降，并且破坏精子的形成，甚至出现无精子精液。室温低于 5℃也会使种兔性欲减退。根据程德元观察，在炎热季节，公兔睾丸体积缩小达 60%，导致公兔睾丸机能障碍，其恢复时间较长，一般需 1.5~2 个月的时间。在严寒季节，母兔一般不发情，公兔厌烦交配。所以，要根据当地的气候条件和兔场的保温降温设施，合理安排配种季节与交配时间。

4.适当运动，足够休息

管理上，选作种用的公兔在 3 月龄时应单笼饲养，防止相互间发生撕咬、打斗、早配，影响生长发育和公兔的品质。公、母兔笼应有一定距离，避免因异性刺激而影响休息。种公兔每天可在户外运动 1~2 小时，接受日光浴，增强体质。运动能使种公兔身体强壮，激发其性机能，从而产生强烈的交配欲。防暑是夏季养好公兔的首要任务。有条件的兔场，在盛夏可将全场种公兔集中在空调室内饲养，以备秋季有良好的配种效果。禁止两只种公兔同笼饲养，也不应将种公兔与母兔或其他兔同笼饲养，公兔笼最好远离母兔笼，以保证公兔充分休息，减少体力消耗。

5.控制疾病

兔笼应保持清洁干燥，经常洗刷消毒。除常规的疫病防治外，还要特别注意对种公兔生殖器官疾病的诊治，如公兔的阴茎炎、睾丸炎或附睾炎等，对患有生殖器官疾病的种兔要及时治疗或淘汰。

二、种母兔的生产管理

种母兔是兔群的基础，发展獭兔生产，必须加强对空怀、妊娠和哺乳母兔的饲养管理。根据各阶段的特点，在饲养管理上采取不同的措施。

（一）空怀母兔的饲养管理

母兔空怀期指仔兔断奶后到再次配种怀孕的一段时期。空怀母兔经过 28~40 天的哺乳，体内消耗大量的养分，体质较弱，需要各种营养物质来补偿和提高其健康水平。该期的饲养主要体现在恢复母兔体质，迅速调整膘情，促使其尽快发情，早日配种和提高配种率几个方面，为下一次配种做好准备。

1.注意空怀母兔体况

空怀母兔不能过肥或过瘦，适当调整日粮中蛋白质和碳水化合物比例。过肥的母兔要减少精料喂量，过瘦的母兔应增加精料喂量。母兔若饲喂过肥，生殖道四周沉积大量脂肪，阻碍卵泡发育，造成不孕。

2.调整饲料营养

空怀期一般10~15天，饲养上以优质青绿饲料为主，适当补充精料。母兔空怀阶段，可以优质青饲料为主，搭配适量的全价颗粒饲料。青绿饲料每日500克以上，任其自由采食，精料根据膘情添加，补充量为75~100克。为防母兔过于肥胖，使母兔能正常发情、排卵和妊娠，降低胚胎在附植前后的损失，母兔在自由采食颗粒饲料时，每只每天的饲喂量不超过140克；混合饲喂时，补喂的精料混合料或颗粒饲料每只每天不超过50克。

3.观察母兔发情征兆

保持圈舍空气流通，增加光照，注意观察发情，检查膘情。仔细观察休闲期母兔的发情征兆，适时配种。对长期不发情的母兔可采用性诱导法，即采用与公兔就近关养或将母兔放入公兔笼内，经过相互追逐、爬跨等刺激后，仍将母兔移回原笼。如此经2~3次后，可诱发母兔分泌性激素，促使其发情、排卵。

（二）妊娠母兔的饲养管理

母兔从配种怀胎到产仔的这一段时期称妊娠期。此期的饲养管理主要是以下3方面。

1.供给充足的优质饲料

根据胎儿的发育规律，90%的重量是在怀孕18天后形成。特别在妊娠15天之后，更应注意饲料的质量，保证营养的需要，以保证胚胎的正常发育，防止母兔产奶不足。妊娠期要供给母兔全面充足的营养物质，但若营养供给过多，母兔过度肥胖，胎儿的着床数和产后泌乳量减少。在配种后第9天观察受精卵的着床数，高营养水平饲养的家兔胚胎死亡率为44%，而正常营养水平饲养的只有18%。在产前3天，则要适时减少精料，增加青料，供给充足干净饮水，防止乳房炎和难产。所以，保持母兔妊娠后期的适当营养水平，对增进母体健康，提高泌乳量，促进胎儿和仔兔的生长发育有关键作用。

（1）早期胚胎期　指怀孕后的1~12天。此期胚胎较小，增长的速度较慢，故需要的热量和营养物质与正常家兔相同，一般不需要给母兔准备特别的饲料。但是，初孕时期，孕兔有食欲不振的妊娠反应，因而，在这个阶段应调配些适口性好的饲料，原则上应掌握富于营养、容易消化、量少质优、防止过饱。

（2）中期胎前期　指怀孕后 13~18 天。这个时期胎儿生长发育逐渐加快。需要各种营养物质，此间母兔的基础代谢可比正常兔增加 12%~22%。除增加饲料的供给量之外，要注意提高饲料的质量，应补充热量、营养丰富，易于消化的饲料。除不断喂些青绿饲料外，还需补充鱼粉、豆粕、骨粉等。如果母兔营养不良，则会引起死胎、产弱仔、胎儿发育不良及造成母兔缺奶，仔兔生活力不强，成活率低。

（3）末期胎儿期　指怀孕后 19~30 天。胎儿的发育日趋成熟，对各种营养物质的需求量更多。此间怀孕母兔对营养物质的需要量相当于平时的一倍半。要注意饲料的多样化，营养要均衡；注意钙、铁、磷等微量元素的补充；按科学饲料配方进行全价饲喂。母兔临产前 2~3 天，多喂些优质青绿多汁饲料，适当减少精料。

2. **及时进行妊娠检查**

为防止母兔空怀，需要对交配后的母兔及时进行妊娠检查。

3. **防止流产**

母兔流产一般发生在孕后 15~25 天，造成流产的原因可分为机械性、营养性和疾病等。

（1）机械性流产　摸胎检查不规范，动作粗暴，挤压胎儿；随意捕捉怀孕母兔，使其受到惊吓；公、母兔混养，怀孕母兔经常受到公兔的追逐、爬跨等，常可造成机械性流产。

（2）营养性流产　长期饲喂品种单一、营养差的饲料，使怀孕母兔体质瘦弱；怀孕期间饲喂冰冻或发霉变质饲料；饮水不洁；突然变更饲料，增加应激等，可造成营养性流产。

（3）疾病性流产　多因巴氏杆菌、沙门氏杆菌等病原菌引起流产。

4. **妊娠母兔的护理**

对妊娠母兔的饲养管理，在于保证胎儿的正常发育，避免因饲养管理不当，造成化胎和死胎现象。

兔的妊娠期平均 31 天，变动范围为 30~32 天。一般产仔多的常提前，产仔少的常推后，妊娠期与产仔数呈负相关。妊娠母兔对营养的要求，随着怀孕的天数增加而逐渐加多，特别是在怀孕后期不但需要的量大，营养水平也相应要高一些。日粮中矿物质饲料和维生素饲料供应不足，不仅影响胎儿的正常发育，也会引起母兔产后泌乳不足。

（1）临产管理 獭兔的妊娠期为 29~34 天（平均 31 天），一般在临产前 3~4 天就要准备好产仔箱，清洗消毒后在箱底铺上一层晒干敲软的稻草。冬季要防寒保暖，室内气温不低于 10℃，夏季通风良好，做好防暑工作。为了便于管理，大规模养兔应做到使母兔集中配种，然后将母兔集中到相近的兔笼产仔。母兔在临产前不吃食，阴门红肿，将腹部及乳房附近的毛拉下，铺在窝内做窝。有的初产母兔不知拉毛，只要人工帮它拉一下，自己就会拉毛。也有少数母兔，人工帮助拉毛后仍不拉毛，产前应把乳头周围的毛用人工拔下。拉毛能刺激泌乳，使仔兔易找到乳头。

（2）接产 在分娩时，母兔头部频频向后看，边分娩边咬断脐带，吃掉胎衣，同时舔净仔兔身上的血迹黏液，分娩过程一般持续 20~30 分钟。

母兔产后急需饮水，因此，在母兔临产前必须供水充足，避免母兔因口渴而发生吃仔兔现象。母兔产仔之后要及时检查、整理产仔箱，清除污毛、血草；清点仔兔，如发现死胎、畸形胎，应立即清除，并将仔兔用毛盖好。产期应注意有专人负责管理，冬季要注意保温，夏季要注意防暑。

（三）哺乳母兔的饲养管理

母兔自分娩到仔兔断奶这段时期称为哺乳。哺乳期一般 30~42 天。哺乳期是负担最重的时期，母兔主要生理机能是泌乳和怀孕，其饲养管理好坏直接关系到母兔的健康和仔兔的生长发育。

1. 保证营养供给

（1）饲喂青料 母兔分娩后 1~3 天，分泌乳汁较少，且消化机能尚未完全恢复，食欲不振，体质较弱。此时，饲料喂量不宜太多，应以青饲料为主。每日饲喂易消化精料50~75克，5天后喂量逐渐增加，1周后恢复正常喂量。在保证青饲料的前提下，精料逐渐增加到150~200克，达到哺乳母兔饲养标准。饲喂全价颗粒饲料的兔场，分娩5天后基本上可采取自由采食方式饲养。母兔采食越多，泌乳量越大。

（2）增加营养　一般母兔分娩后随着时间的延长，泌乳量逐渐增加，18~21天达到高峰，哺乳期每天可泌乳60~150克，泌乳高峰期可达200克左右，高产母兔每天泌乳可达150~250克，最高可大于300克。21天后泌乳量逐渐下降，30天后迅速下降。与牛羊奶相比，兔奶中的蛋白质、脂肪含量高3倍多，矿物质高2倍多。母兔泌乳消耗大量的营养物质，特别是蛋白质和矿物质，其消耗必须从饲料中获得补充，否则，动用体内贮存的养分来泌乳，造成母体体重下降，损害母体健康，造成泌乳减少。饲养上供给营养丰富的饲料，日粮蛋白质水平应达17%~18%，除青绿多汁饲料自由采食外，还应补充精料。

2. 勤查母兔泌乳情况

（1）检查哺乳　据生产实践，母兔的泌乳量多与胎次有关，一般第1胎泌乳量较低，2胎后逐渐增加，3~5胎较多，10胎前相对稳定，12胎后明显下降。母兔乳汁富含蛋白质、脂肪、乳糖和灰分，母兔泌乳量的高低则与仔兔健康密切相关。所以，在母兔分娩后要及时检查其泌乳情况，一般可通过仔兔的表现反映出来。

哺乳后，若仔兔腹部胀圆，皮肤红润光亮，安睡少动，则母兔泌乳力强；若仔兔腹部空扁，皮肤灰暗无光，皱褶多，乱爬乱抓，时有"吱吱"叫声，则母兔无乳或有乳不哺。

若产仔箱内尿水多，说明母兔饲料中水分太多，仔兔粪多则母兔饲料中水分不足。根据以上情况调整饲料，母兔乳汁不足进行催乳，除增加精粗饲料外，还可补加煮熟并浸泡的黄豆（10~20粒/天）催乳。

（2）人工哺乳　若母兔有乳不哺，可人工强制哺乳。具体方法为：每天早晨（或定时）将母兔提出笼外，伏于产仔箱中，使其保持安静，将仔兔分别安放在母兔的每个乳头旁，嘴顶母兔乳头，让其自由吮乳，每天2次，3天后改变为每天1次，连续3~5天，母兔即可主动哺乳。

（3）乳房炎的预防 发现奶水过多，应及时地排出，或哺乳其他奶水不足的仔兔；仔兔少，乳汁多，可适当减少精料和青绿多汁饲料，保证营养供给，并及时调整精料喂量，应使笼具光滑、清洁、卫生，可避免乳房炎的发生。母兔产仔后易被细菌感染发生乳房炎，应在产仔后1~2天，注射一次大黄藤素或连续饲喂磺胺类药物，或复方新诺明等药物。经常检查母兔的乳房情况，如发现乳房有硬块、红肿应及时冷敷，每天2~3次用青链霉素、抗生素药物治疗。

3. 适时配种

配种方式有频密繁殖、半频密繁殖（产后7~14天配种）和延期繁殖（断奶后再配种）3种。在饲养管理条件好的兔场可实行频密繁殖，频密繁殖又称"血配"，即母兔在产仔当天或第二天就配种，泌乳与怀孕同时进行。采用此法，繁殖速度快，适用于年轻体壮的母兔，主要用于生产商品兔，对种用獭兔则不宜产仔过密。采用频密繁殖一定要用优质的饲料来满足母兔的营养需要，同时加强饲养管理，在生产中，可根据母兔体况、饲养条件、环境条件综合起来考虑，将3种配种方式交替采用。频密繁殖和半频密繁殖制度对母兔的要求高，利用强度大，需要有充分的营养和完善的技术管理作为支撑。不具备条件的兔场不宜采用。在我国多数兔场，仍应以常规繁殖为主。母兔产仔12天左右，应观察母兔发情征兆，适时配种。一般商品兔生产可采用产后10天或16天左右交叉配种；种兔生产可采用产后16天左右或仔兔断奶后配种为宜，不宜配"血配"。

4. 仔兔适时断奶

母仔分笼饲养，为防止不弄错母仔窝别，在产仔箱上注明母兔编号。产仔后期母兔配种受孕后，为保证下一胎胎儿正常生长发育所需营养，以配种时间确定仔兔断奶时间，仔兔一般在35日龄断奶为宜。不宜过早或过迟，采用渐进式断奶，即仔兔哺乳到30天后，每间隔1~2天哺乳一次，直到断奶。

三、后备兔的生产管理

后备兔指3月龄至初配阶段留作种用的青年兔。该段时间的兔为选留种用兔、试验动物或育肥兔。饲养上以青粗饲料为主，适当补充精料。作为种用的青年兔在 5 月龄时应控制精料量，预防饲喂过肥。青年兔阶段生长发育很快，此期主要是长骨骼和肌肉的阶段，是比较容易饲养也是容易忽视饲养管理的时期。如果饲养管理过于粗放，青年兔生长缓慢，到适配年龄时达不到标准体重，其繁殖性能则会降低，繁殖力较差。

（一）后备兔的选留

后备兔分为纯种后备兔和二元杂种后备兔，后者特指配套系父母代种兔选留的后备兔。后备兔可以从外场引进，也可以进行自群选留。

1. 引进

引种时要综合考虑疫病、品种、体型外貌、群体质量、自身实力和需求。首先要明确引进的品种必须是通过国家（省）畜禽遗传资源委员会审定或者鉴定的品种、配套系，引进的种兔必须是纯种或配套系的父母代杂种。个体选择上，最好选择 4.5~6 月龄的青年兔，或者个体体重大于 2.5 千克。引种时要加强系谱及相关资料的审查，确保父母代及同胞的生产性能优良，公母兔间必须错开血缘，以免因近亲交配而导致衰退。

2. 自群选留

规模较大的兔场，一般都自留后备兔，既经济实惠，又没有引入疾病的风险，经验丰富的饲养者还能培育出更为优秀的群体。在实际选留过程中，应综合考虑父母、同胞和个体自身的各项生产性能做出选留。

（1）选留方法　当备选个体较小，许多性状尚未表现时，依据父母双亲的生长发育、繁殖性能和体型外貌等进行早期选择。后备兔从产仔数多、泌乳力强、断奶仔数和断奶窝重高的经产母兔中选留，以选留 2~5 胎的后代为宜。同胞的性状表现也是选留标准之一，后备兔同窝仔兔的生产性能好，整齐度高，个体差异小，且同胞中无遗传性疾病。

但最重要的是依据自身性状表现的优劣进行选择。后备兔的生产成绩要达到或超过群体平均水平，膘情适中，体型外貌如毛色、头型、耳型等要符合本品种特征，体型匀称，后躯丰满，四肢结实有力，无明显的外形和生理缺陷，无门齿过长、四肢缺陷等遗传性疾病。公兔双侧睾丸发育良好、匀称，单睾、隐睾不能留作种用。母兔外阴发育良好，无闭锁、发育不全现象，乳头4对以上，发育匀称、饱满，无瞎乳头，腹部柔软、无包块。

（2）选留时期　后备兔一般在断奶、56日龄（或91日龄）、初配前等进行多次选择。

断奶时初选，以窝选为主，在胎产仔数多、21日龄窝重大、断奶仔数多、断奶窝重大的窝别中选留体重大、健康活泼的仔兔。淘汰弱小、病残和明显不符合品种（系）特征的个体。此期选留数尽可能大，以便于给后期留下较大的选择余地。

56日龄（或91日龄）时进行大淘汰，着重测定个体重、体尺体长、结合体型外貌、健康评定以及系谱档案资料，选择健康优秀、符合品种（系）特征的个体进入后备种兔群。

初配前进行后备兔的最后一次选择。淘汰个别性器官发育不良、发情征兆不明显的后备母兔；公兔则要进行性欲及精液品质检测，淘汰性欲低下、精液品质不良的个体。

（二）饲养管理

优秀的后备母兔不仅依靠选择，还要依靠饲养管理。青年兔生长发育快、体内代谢旺盛、采食量大，抗病力和对粗饲料的消化力已逐渐增强，比较容易饲养。但容易忽视饲养管理，往往造成生长发育迟缓或过于肥胖，影响其正常的配种繁殖，导致种用性能下降，品种退化。对符合本品种体型外貌特征、生长速度快、发育良好、健康无病的优秀个体公母兔，可选留作后备种兔，进行培育。凡不宜留种的公母兔，进行商品生产。

1. 体重控制

种兔体重并非越大越好，控制体重是后备兔管理的要点。成年獭兔体重应控制在3.5~4.0千克，不超过4.5千克。初配体重，一般生产群只要达到成年体重的70%以上即可。对于有生长潜力的后备种兔，要采取前促后控的策略，后期不能使其体重无限生长。一般限制饲养，即当达到一定体重后，每天控制喂料量85%左右。对于配种期的种兔，要控制膘情，防止过肥。在条件允许的情况下，可适当让后备兔增加运动和多晒太阳。

3~4月龄阶段兔的生长发育依然较为旺盛，骨骼和肌肉尚在继续生长，生殖器官开始发育，应充分利用其生长优势，满足蛋白质、矿物质和维生素等营养的供应，尤其是维生素A、维生素D、维生素E，以形成健壮的体质。4月龄以后家兔脂肪的沉积能力增强，应适当限制能量饲料的比例，降低精料的饲喂量，增加优质青饲料和干青草的喂量，维持八分膘情即可，防止体况过肥。

2. 饲料控制

在生产中不能忽视对青年后备兔的饲养管理，否则会导致生长缓慢，到配种年龄时，由于发育差，达不到标准体重，勉强配种所生仔兔发育也差。但后备兔正是生长发育的旺盛期，4月龄以后脂肪的囤积能力增强。为了防止其过于肥胖，适当控制能量饲料，后备兔日粮营养要求可作为参考使用：消化能10~11兆焦耳/千克，粗蛋白16.5%~18%，钙1%，磷0.6%，粗纤维12%~14%。若日粮中粗纤维含量低于10%，肠炎发病率高，死亡率大，同时易诱发魏氏梭菌病。

3. 饲养控制

（1）及时分笼　3月龄左右，家兔的生殖器官开始发育，特别是成年体重偏小的中小型兔，公母兔已经发育了一段时间，如果公母兔集中在同一个笼内饲养，容易导致早交乱配。同时，随着生殖系统的发育，家兔同性好斗的特点表现得更为明显，同性特别是公兔间的打斗不仅消耗体能，更容易造成双方身体上的残缺，丧失种用性能，因此，3月龄后公母兔都要实行单笼饲养。

（2）疫病防治　后备阶段，獭兔消化道已经发育完全，死亡率降低，抵抗力增加，对粗放型饲养的耐受力高。因此，容易造成后备兔不发病的错觉，特别是规模较小的养殖户，在管理上最容易忽视对后备兔的疫病特别是兔瘟、巴氏杆菌病等的防治工作。为提高后备兔的育成率，除严格执行兔的免疫程序和预防投药外，同样还要做好日常的消毒工作和冬夏季的防寒保暖工作，以使后备兔安全进入繁殖期。

4. 初配控制

为了防止青年兔的早配、乱配，从 3 月龄开始就必须将公母兔分开饲养。对 4 月龄以上的青年兔进行一次选择，把生长发育优良、健康无病、符合种兔要求的留作种用，最好单笼饲养。从 6 月龄开始应训练公兔配种，一般每周交配 1 次，以提高早熟性和增强性欲。

为使初配月龄和初配体重相符合，进行后备兔的体重控制非常必要，除了采取前促后控措施外，最好每月称重一次，对达不到体重标准的进行加大喂料量，而对体重超标太多的则降低喂料量。通过体重控制，能有效提高后备群的均匀度，也有利于集中进行初配。

总之，后备兔培育得好坏，不仅影响头胎的产仔数和初生重，还会影响其终生的繁殖成绩，从而影响养兔生产效益。选留优秀的后备兔并辅以科学的饲养管理，是提高和挖掘兔场生产潜力的前提，也是兔场高效生产、持久稳定的基础保障之一。

四、仔兔的生产管理

仔兔是指从出生到断奶时期的小兔。仔兔器官发育不全，调节功能差，适应能力弱，故新生仔兔不易饲养。加强仔兔的管理，提高成活率，是仔兔饲养管理的目的。根据仔兔的生理特点，可分为睡眠期、开眼期和断奶期。

（一）睡眠期

从仔兔出生到 12 日龄左右为睡眠期。仔兔出生时体表无毛，眼睛和耳朵关闭。出生后第 4 天才有绒毛长出，第 8 天耳朵张开，第 12 天开眼。该期饲养仅是哺乳，仔兔完全依赖母乳生活，如果护理不当，很容易死亡。

1. 饲养方面

在这个时期内饲养管理的重点是早吃奶，吃足奶。初生仔兔的体重一般 50 克左右，出生后 10 小时内，应保证初生仔兔早吃初奶、吃足奶。睡眠期的仔兔只要能吃饱奶、睡好，生长发育就正常。

据报道，早上哺乳和晚上哺乳没有差别，说明养兔场也可以实行晚上哺乳。仔兔生长发育与母兔的泌乳力有关，母兔泌乳力与饲养水平有关，在某个时期仔兔的日增重突然上升或者下降，均因母兔的饲养水平及仔兔的哺乳时间不定时。因此，加强母兔的饲养管理和定时哺乳，才能稳定提高仔兔生长速度。

2. 管理方面

（1）做好仔兔寄养　生产中，母兔产仔数多少不一。少则 1~2 只，多则 10 多只。多产的母兔乳汁不够供给仔兔，仔兔发育迟缓，体况瘦弱，易于患病死亡；少产的母兔泌乳量过剩，仔兔吮乳过量，引起消化不良，甚至腹泻死亡。在这种情况下，应当调整仔兔，对同时分娩或分娩时间前后不超过 2~3 天的仔兔整合成一窝，调整时，将调整仔兔与入群仔兔混合后哺乳。

一般每窝仔兔以 6~8 只比较适宜，及时调整过多或过少的仔兔。产仔多找不到寄养保姆兔，也可将一窝分成二窝，体质强壮的分成一窝，体质弱的分成一窝，或者将体况较差的仔兔弃掉。上午喂体质弱的一窝，下午喂体质强壮的一窝。调整寄养仔兔应注意：两只母兔和它们的仔兔都应健康；被调仔兔的日龄、个体大小与寄养母兔的仔兔大致相同；切忌被调仔兔在当日喂奶前调整，以防母兔拒哺调入仔兔。

（2）实行强制哺乳　有些母兔母性不强，尤其是初产母兔，产仔后拒绝哺乳，使仔兔缺奶挨饿，如不及时处理，就会导致仔兔死亡。强制哺乳是将母兔固定在产仔箱内，使其保持安静，然后将仔兔安放在母兔乳头旁，让其自由吸吮，每天进行 1~2 次，连续 3~5 天，大多数母兔就会自动哺乳。

（3）人工哺乳　如果仔兔出生后母兔死亡、无奶或患乳房炎等疾病不能哺乳或无适当母兔寄养时，可采取人工哺乳。可用牛奶等代替（1周内加水 1~1.5 倍，1 周后加水 1/3，2 周后可用全奶），也可用豆浆、米汤加适量食盐代替，温度保持在 37~38℃。饲喂时可用玻璃滴管或注射器，任其自由吸吮。

（4）防寒保暖、防止鼠害　睡眠期的管理主要是注意保温和防止鼠害。仔兔出生时体温调节机能不健全，对外界环境温度要求较高，仔兔保温室的温度最好能保持在 15~20℃，窝内温度 30℃以上。冬天用棉布或厚一点的东西盖住产仔箱，铺好草，用红外线灯照射，产于窝外的仔兔受冻后应立即抢救，可放在红外线下烤，也可置于42℃温水浸泡，待仔兔皮肤转红时即可。夏季常用手拨动仔兔，防止因温度太高而引起热窝死亡。

仔兔出生后4~5天内最易遭受鼠害，有时会发生全窝仔兔被老鼠蚕食。应特别注意舍内灭鼠，兔笼、兔笼封严防止老鼠侵入。在无法堵笼、堵窝洞的情况下，可将产仔箱统一编号，晚间集中防护，白天送回原笼，定时哺乳。

（二）开眼期

仔兔出生12天左右开眼，从开眼到断乳这段时间称为开眼期，这是养好仔兔的第二个关键时期。

1. 饲养方面

随着仔兔的生长，仅靠母乳不能完全满足仔兔对营养的需求，须给仔兔补料。多数仔兔14日龄之前100%的营养从母乳中获得，18日龄左右开始采食。仔兔开始食量较少，这时应激反应多发。补料的最佳时间，即16~21日龄为试吃饲料阶段，22日龄以后为补料阶段，补料量的多少视仔兔进食情况而定。补料要营养全面易消化，适口性好、加工细致，一般含粗蛋白质20%~22%，消化能11.72~12.56兆焦/千克，粗纤维低于8%，自由采食。逐渐减少哺乳次数，增加喂料量，少喂多餐，供足饮水，使仔兔逐步适应独立生活的外部环境。并要经常检查产仔箱，及时更换垫草，淘汰弱小仔兔。补饲持续到35日龄左右，应少给勤添。补料既可以满足仔兔营养需要，又可锻炼仔兔肠胃消化功能，使仔兔安全渡过断奶关。

2. 管理方面

开眼期的仔兔比较难养。发育好、健康的仔兔开眼时间较早，反之则迟。如果仔兔至14日龄还未开眼，说明没有吃到乳、吃的乳稀且质量差、有炎症等。饲养员要逐个检查，发现开眼不全的，可用清水清洗封住眼睛的黏液，帮助开眼。仔兔开眼后，精神振奋，会在产仔箱内往返蹦跳，跳出产仔箱外活动，叫做出窝。出窝的迟早，依母乳多少而

定，母乳少的早出窝，母乳多的迟出窝。仔兔开食后最好与母兔分笼饲养，每天哺乳1次，这样可使仔兔采食均匀，安静休息，减少接触母兔粪便的机会，以防感染球虫病。仔兔开食后粪便增多，此时仔兔不宜喂给含水分高的青绿饲料，否则容易引起腹泻、胀肚而死亡。

（三）断奶期

仔兔断奶的日龄，应根据饲养水平、繁殖制度、仔兔生长情况以及品种、用途、季节气候等不同情况而定。一般35日龄左右断奶。

1. **断奶方法**

仔兔断奶时，要根据全窝仔兔个体大小、体质强弱而定。若全窝仔兔生长发育均匀，体质强壮，可采用渐进性一次断奶法，即35日龄后就开始减少母仔接触的次数，并降低母兔的营养水平，减少泌乳量直至断奶。40日龄后，体质强壮、采食好的仔兔，完全断奶。如果全窝仔兔体况强弱、大小不一，生长发育不均匀，可采用分期断奶法。即先将个体大、体况好的断奶，个体小、体弱的继续哺乳数天后再断奶。体弱仔兔多留在母兔身边一周左右。

断奶时，采取母去仔留的方法，以防环境骤变发生应激反应。仔兔断奶后的第一周补饲料占80%左右，饲草采用优质牧草，切勿饲喂劣质草，以后逐渐减少补饲料，而换以配合精料，并增加青饲料。刚断奶的仔兔注意环境温度稳定，做好饲料、圈笼的清洁卫生。

2. **仔兔应激反应**

断奶时应采用离奶不离笼的办法，尽量做到环境、饲料、管理三不变，以防发生各种不利的应激反应。

（1）环境不变　让断奶仔兔留在原笼饲养1~2周后再行移笼，以减少环境变化和断奶同时进行使仔兔产生的应激，避免影响其生长，处理不当会引起仔兔应激死亡。

（2）饲料不变　断奶前就应补给断奶后所采用的饲料，这样仔兔就不会因急剧改变饲料而降低食欲或引起消化不良。

（3）人员不变　原饲养人员继续喂养，不更换。

五、幼兔的生产管理

从断奶到 3 月龄的兔称为幼兔。该期是幼兔从哺乳过渡到完全采食饲料的时期，处于第一次年龄性换毛和长肌肉、骨骼，也是消化道中微生物建立的时期，开始吞食自己的软粪。同时，处于生长发育的快速增长期，幼兔需要营养多，但消化机能差，消化器官不适应消化大量饲料，幼兔又贪食，饲喂不当易引起兔子死亡。幼兔饲料要选择体积小、浓度高、易消化的饲料。幼兔阶段若不特别注意饲养管理，死亡率较高。

幼龄期獭兔的管理是兔整个生命阶段的重中之重，要根据本场的情况加强饲养管理，减少死亡，提高成活率，从而提高獭兔养殖整体效益。

（一）合理饲喂

幼兔阶段是兔子一生中增重最快的时期，日增重可达 15~25 克，最高可达 30 克。据报道，35~70 日龄幼兔日增重较快，死亡率较高。因为幼兔的消化系统发育尚不完善，特别是肠道内还未形成正常的微生物群系，对食物的消化能力弱，而此时幼兔食欲旺盛，往往因贪吃而引起消化紊乱和腹泻。因此，在饲喂时一般使用人工颗粒饲料自由采食的办法，要求做到定时少喂多餐。40~60 日龄为幼兔过渡适应阶段，实行早上和下午两次饲喂，以八成饱为度；60~90 日龄为幼兔稳定阶段，实行两料补草法，可适当补喂少量含水分低的青草，草质要求细嫩，饲料中粗饲料比例不宜过大。

断奶后 1~2 周内，要继续饲喂补料，随着幼兔的生长发育，耐粗饲能力逐渐增强，逐渐过渡到幼兔料，更换饲料要逐渐过渡，逐渐加大青饲料喂量，以防因突然变料而致消化系统疾病。为了促进幼兔生长，提高饲料消化率，降低发病率，幼兔日粮一定要新鲜、清洁、体积小、适口性好、营养全面。特别是蛋白质、维生素、矿物质要供给充分，同时添加一些氨基酸、酶制剂和抗生素等。

幼兔日常饲养管理中，保证干草不间断。干草不间断能使幼兔随机

体需求获取最适宜的粗纤维，达到最佳增重、最低死亡率的效果。当粗纤维过低时，家兔易发生消化紊乱、腹泻、肠炎，生长迟缓，甚至死亡。从仔兔到幼兔，环境也发生很大变化，易发球虫病、大肠杆菌病等。因此，好的饲养管理是预防消化系统疾病的关键。

（二）及时分笼

1. 饲养管理

幼兔的管理，应根据性别、体重、体质强弱、日龄大小进行分群饲养。仔兔断奶 7 天后，即进入幼兔分群饲养阶段。生产实践表明，分群后 7 天，新的饲养环境会引起幼兔生理和行为上的不适应，抗病力也有所降低，不同窝的幼兔合群后将通过自身适应性调整，重新建立各自在这个新群体的相互关系。同时，幼兔的吃、喝、拉、睡四点定位也是在这 7 天完成的，这些都需要消耗大量的能量。为保证幼兔顺利分群，应认真做好以下几点：尽可能使分群前的环境温度和新环境的温度接近；先用原来的饲料饲喂一段时间，待兔群的一切状况都稳定下来后，再逐渐换成幼兔期生长的饲料；幼兔混群后常会出现斗殴现象，故对幼兔要按日龄大小、身体强弱分成小群，笼养每笼 4~5 只，占面积 0.5 米^2，有利于采食和运动；群养时每群 8~10 只组成小群，在饲养管理上可采用单笼或原窝同笼饲养的方法；以生长发育良好的为一群，发育差的为另一群，这样就能规避强欺弱等各种不应有的伤害；饲养密度过大，群体过大会造成拥挤，采食不均而影响生长发育，环境也容易脏污，使幼兔抵抗力下降；幼兔移笼前，要统一编制耳号。编制耳号可用防伪耳标，也可用耳号钳针刺，后者较经济，生产中常用，并详细记录编制耳号，作为系谱资料。

2. 提高成活率

幼兔养殖中存在的主要问题是死亡率高。全国幼兔的死亡率为 30%~50%，严重影响养兔业的发展。影响幼兔的成活率的另一个因素是腹泻，兔球虫病是造成腹泻的原因之一。据报道，幼兔极易感染球虫病，影响肠道的吸收功能，死亡率最高达 80%~90%。精料、青草日喂量和兔出血症感染是幼兔饲养中影响成活和增重的主要因素。

一日内的精料喂量以占体重的 2.5%，消化能 0.322 兆焦 / 千克体重、食入粗蛋白质 3.90 克 / 千克体重，青草（含干物质 30%）25%，消化能 0.912 兆焦 / 千克体重、食入粗蛋白质 3.10 克 / 千克体重为适宜。这样，幼兔成活率可大于 90%，增重相对提高 23.3%，差异显著（$P<0.05$），料重比最低。日喂量如果过大，会引起消化不良，造成营养物在盲肠等大肠内的积聚，使腹泻和腹胀等消化道病增多，成活率降到 60%~75%。60 日龄的幼兔即可感染兔瘟病毒，感染死亡率（18.5%~66.7%）与日龄呈正相关，$r=0.9698$，$P<0.01$。在幼兔饲养中做到料、草日喂量适宜，断奶时即接种兔瘟疫苗，对提高幼兔成活率和增重具有重要意义。

（三）定期称量

对用于商品生产的幼獭兔，每 15 天定期抽样称重；对于种兔场的幼獭兔，应在 45、60 和 90 日龄称重并进行登记，及时地掌握兔群的生长发育情况，如果体重增加缓慢或不增重，就要及时查明原因，采取相应措施。

（四）防寒保暖

幼兔较敏感，对环境变化尤其敏感，在寒潮等气候突变的时候，给幼兔提供稳定舒适的环境条件是降低发病率、促进发育的有效措施。应保持兔舍清洁卫生、环境安静、干燥通风，饲养密度适中，还要防止惊吓、潮湿、风寒和炎热，防止空气污染和鼠害等。夏季应保持兔舍窗户敞开，空气对流，降低兔舍污染气体如氨气的浓度；冬季应在早上敞开对角的窗户，傍晚关上，既保持空气流通又要防止冻伤幼兔。

（五）疾病预防

1. 防疫与卫生

幼兔阶段易患多种疾病，应将环境消毒、药物预防、疫苗注射及饲养管理相结合。除按免疫程序分时段注射兔瘟疫苗外，还应注射魏氏梭菌疫苗及波氏－巴氏二联苗。同时搞好笼舍、环境清洁卫生和消毒工作。在春秋两季，还应注意预防感冒、肺炎和传染性鼻炎等疾病。同时，每天要细心观察幼兔的采食、精神、粪尿等情况，若发现有食欲不振、精神萎靡、粪便不正常的幼兔，要及时进行隔离饲养，查明原因，及时治疗。

2. 预防球虫病

每吨饲料添加氯苯胍 150~300 克或地克珠利（按使用说明添加）抗球虫药，预防球虫病。

第五章

獭兔的营养与饲料

第一节　獭兔的营养需要

一、营养的作用

（一）能量

饲料中能量是动物在生长发育、繁殖、生产过程中需要的维持体温的热能，采食饲料和运动的机械能和生产畜禽等产品及繁殖后代的化学能的总称。如果供给獭兔的能量少，不能满足最低需要量时，则獭兔只有不生产或极少生产，以保证生命活动的能量需要。在这种情况下，常把饲料中的以至体内贮存的脂肪和蛋白质转作能量之用，獭兔就发生"掉膘"和营养不足症。其结果是产品率低、饲料浪费，严重缺乏能量至"饥饿状态"，将导致死亡。饲料总能量可划分为消化能、代谢能和净能。

饲料中的淀粉和纤维素等多糖（碳水化合物）的分解产物（葡萄糖）是重要能源。脂肪的能量虽然比其他养分大 2 倍以上，但作为饲料中的能源并不占主要地位；蛋白质也能产生能量，但是作为热能不合理和不经济。在配制饲料时应尽可能以碳水化合物供应能源。畜牧业生产主要就是把植物饲料转变成为动物产品，也就是把植物饲料中的碳水化合物、脂肪和蛋白质转变为动物的肉、蛋、奶、皮、毛等。而动植物中的脂肪、蛋白质和碳水化合物都有能量，因此它们的营养价值和生产效

率等均可用能量统一加以表示和计算。如果用某一成分，就无法统一。所以，在生产上就可以用饲料能量转变为畜产品能量的百分数，来比较准确地计算与表示能量利用效率（亦即饲料利用效率）的高低。通常说的某种饲料营养价值高，首先就是指该种饲料含有可被獭兔利用的能量。

（二）蛋白质

蛋白质是一切生命的物质基础。獭兔的重要生理活性物质包括酶、激素、抗体等均由蛋白质构成。獭兔中绝大多数蛋白质由 20 种氨基酸组成。这 20 种氨基酸中约有一半獭兔自身能够合成，另一半在体内不能合成或合成很少，而只能从饲料中获得，因此，这样的氨基酸就称为必需氨基酸。獭兔的必需氨基酸有亮氨酸、异亮氨酸、蛋氨酸、赖氨酸、苯丙氨酸、苏氨酸、缬氨酸、色氨酸和组氨酸等 9 种。

獭兔的肌肉、皮、毛、内脏器官、血液、神经等均以蛋白质为主要原料构成。蛋白质不足，獭兔体重减轻，生长率降低，影响公兔精液品质，母兔发情、排卵、受孕，胎儿生长发育和初生仔兔的大小，胴体品质不良，獭兔被毛数量减少，质量下降，皮板小而薄等。蛋白质过多，不仅造成浪费，而且对獭兔同样有不良影响，长期过多，将引起机体代谢紊乱及蛋白质中毒。蛋白质虽然重要，但獭兔摄入过多或过少都不好，缺乏蛋白质会导致营养不良，因它伴随的往往是能量缺乏，所以就称之为蛋白质 - 能量营养不良，过多地摄入蛋白质对獭兔健康也有害，是引发各种慢性非传染性疾病的主要因素之一。

蛋白质饲料是指干物质中粗纤维含量在 18% 以下，粗蛋白质含量在 20% 以上的饲料。包括植物性、动物性和单细胞蛋白质饲料及非蛋白氮。常用的有：豆类及其饼粕、饲料酵母等，豆类及其饼粕包括大豆、花生、大豆粕、棉粕、菜籽粕等。

（三）脂肪

脂类可按不同组成分为五类，即单纯脂、复合脂、萜类和类固醇及其衍生物、衍生脂类及结合脂类。脂类物质具有重要的生物功能，脂肪是生物体的能量提供者。脂类也是组成生物体的重要成分，如磷脂是构成生物膜的重要组分，油脂是机体代谢所需燃料的贮存和运输形式。脂类物质也可为动物机体提供溶解于其中的必需脂肪酸和脂溶性维生素。某些萜类及类固醇类物质如维生素 A、维生素 D、维生素 E、维生素 K、胆酸及固醇类激素具有营养、代谢及调节功能。有机体表面的脂类物质有防止机械损伤与防止热量散发等保护作用。脂类作为细胞的表面物质，与细胞识别、种特异性和组织免疫等有密切关系。

（四）矿物质

獭兔需要的矿物质按其在饲料中的浓度和占动物体的百分比分为常量和微量元素。常量元素有钙、磷、钠、氯、钾、镁、硫等；微量元素有铁、铜、钴、锌、锰、碘、硒、钼等。钙和磷是构成獭兔骨骼和牙齿的主要成分，约占兔体总灰分的 70%，是母兔正常生殖机能所必需。钙、磷不足和维生素缺乏，会影响兔的生长发育，严重时幼兔患佝偻病，成年兔产生软骨症，引起母兔产后瘫痪，严重者死亡。食盐能改善饲料适口性，增进食欲，帮助消化，提高饲料利用率；缺乏时，幼兔生长迟缓，成年兔体重减轻，繁殖率低，泌乳量下降，引起啃食异物的异食癖。微量元素中铁是形成血红蛋白、肌红蛋白、细胞色素和一些酶系统必需的元素，是保证肌体组织内氧的正常运输的重要物质；獭兔缺铁时，可导致贫血。一般饲料中含有足够的铁，在正常饲养条件下一般不会缺铁。獭兔缺铜，会减少铁的吸收，降低血红蛋白合成，导致贫血，有色毛脱色，黑色毛变灰，骨骼发育异常，关节肿大，骨骼松弛（脆），出现异嗜，运动失调和神经症状等；高铜可刺激增重，但过量会引起中毒。锌是獭兔体内多种酶的成分，是蛋白质正常合成和代谢的需要，并参与碳水化合物的代谢。缺锌使性腺发育，精子的发生、成熟，雌性生殖过程都受到破坏。日粮中含大量钙时，会出现缺锌症。锰为獭兔骨骼形成、繁殖和胚胎的正常发育所必需。缺锰可引起骨骼系统发育不良，弯腿、骨脆、骨的重量、长度、密度及灰分含量等下降。缺碘时甲状腺增生肥大，甲状腺素分泌量减少，基础代谢降低，影响幼兔生长发育和母兔繁殖。

（五）粗纤维

粗纤维是獭兔的部分能量来源，而更主要的作用是构成合理的饲粮结构，维持正常的消化功能，预防肠道疾病。低和高水平的粗纤维都会严重影响獭兔的生产性能和健康。对獭兔的营养作用可以概括为两个方面：一是经獭兔盲肠内的微生物发酵分解为挥发性脂肪酸（VFA）以提供能量；二是维持獭兔的正常消化生理。许多研究证明，獭兔对粗纤维的消化并不十分有效，且明显低于马和反刍动物。美国 NRC（1977）公布獭兔、牛、马、豚鼠对粗纤维的消化率分别为 14%、44%、41%、33%。Cheeke（1987）解释了其中的主要原因：獭兔的肠道肌肉运动将大颗粒（主要是纤维性组分）挤进结肠，形成硬粪然后排出体外；同时以逆行蠕动将小颗粒（主要是非纤维组分）送入盲肠发酵，形成软粪，而獭兔日粮中纤维性组分在盲肠中发酵的概率很低，影响了纤维组分的消化利用，所以粗纤维作为獭兔能量来源意义并不大。粗纤维对獭兔更重要的作用是维持獭兔的正常消化生理，从而减少发病率和死亡率，因此粗纤维在獭兔饲粮中仍有着很重要的意义。当日粮中淀粉过高，粗纤维含量低于 10%，则肠道蠕动缓慢，内容物滞留时间延长，过剩的未被消化的淀粉进入盲肠，就为微生物提供了丰富的发酵底物，导致某些致病性大肠杆菌等大量繁殖，引起腹泻，消化紊乱，甚至死亡。也可诱发魏氏梭菌病，引起獭兔急性水样腹泻，病兔死亡率很高。

（六）维生素

维生素是獭兔维持正常的生理功能而必需从食物中获得的一类微量有机物质。它种类多，化学结构多数是某些酶的辅酶（或辅基）的组成成分，是维持机体正常生长（生长、健康、繁殖和生产机能）必不可缺的化合物，在体内起催化作用，促进主要营养素（蛋白质、脂肪、碳水化合物等）的合成和降解，从而控制代谢。维生素本质为低分子有机化合物，它们多数不能在体内合成，或者所合成的量难以满足机体的需要，所以必需由外界供给。维生素分为脂溶性和水溶性维生素两类。前者包括维生素 A、维生素 D、维生素 E 和维生素 K 等，后者有 B 族维生素和维生素 C。缺乏时，会使机体内的新陈代谢紊乱，引起各种不同的维生素缺乏症，导致獭兔生长缓慢、停滞、生产力下降，甚至死亡。獭兔是食草动物，有的维生素（维生素 C）可从青饲料中获得，有的可在盲肠中合成，如 B 族维生素。主要需从饲料中补充的维生素有维生素 A、维生素 D 和维生素 E 等，维生素 A 对维持呼吸、消化、生殖系统上皮细胞健康有重要作用，可增强对传染病的抵抗力，促进生长，刺激食欲，有助于繁殖和泌乳，维持正常视力，防止夜盲症。维生素 D 参与钙磷代谢的调节，增加钙、磷吸收，促进骨骼和牙齿及胎儿骨骼发育所必需。维生素 E 维持正常生殖机能，防止肌肉萎缩，参与组织细胞的呼吸过程以及磷酸化反应，核酸代谢和维生素 C 的合成，具有抗氧化作用，保护红细胞免于溶血。维生素 K 形成凝血酶原，是凝血所必需，对减少球虫病危害有积极作用。维生素 B_1 主要功能是维持神经正常机能，参加蛋白质代谢的氨基酸转移过程，在抢救治疗下痢病兔时，有辅助作用。

（七）水

水是獭兔维持正常生理机能活动以及体内营养物质的消化、吸收、运输和残渣的排泄都必需的养分。体温的调节也离不开水，缺水常使獭兔体代谢机能发生紊乱。水是獭兔体一切细胞和组织的必需构成成分，是维持生命绝对不可缺少的物质。獭兔所需的水主要来源于饮水、饲料水和代谢水。獭兔缺水或长期饮水不足，会使健康受到损害，生产力会遭受严重影响，给生产带来极为不利的后果。体内损失水分 10% 会导致代谢紊乱，脱水 20% 以上时则会导致死亡。据报道，幼兔在充分饮水条件下，平均日增重为 30.6 克，每克增重耗料 5.2 克，而限制饮水75 毫升时，则平均日增重仅为 20.6 克，每克增重耗料则为 5.8 克。同时，缺水会影响营养物质的吸收，3~4 周龄的哺乳仔兔特别敏感，如在15~20℃下缺水，25 日龄或刚断奶的仔兔体重减轻 20%。因此，保证獭兔充足饮水，是获得最高生产效果的必要条件。

二、推荐的营养标准

家兔饲料营养是家兔生产重要的物质基础，它影响着优良家兔品种生产性能的发挥，而且与家兔生产经营者的经济效益直接相关。近年来，国内外对肉用兔、长毛兔的营养需要开展了大量的研究，取得了重大的进展。但有关獭兔的营养需要国内外尚未进行系统研究，獭兔饲养标准尚属空白，因而提供以下家兔饲养标准仅供参考（表5-1至表5-3）。

表5-1　美国NRC推荐的家兔饲养标准

营养指标	生长	维持	妊娠	泌乳
消化能（兆焦/千克）	10.46	8.78	10.46	10.46
总可消化养分（%）	65	55	58	70
粗蛋白（%）	16	12	15	17
粗纤维（%）	10~12	14	10~12	10~12
粗脂肪（%）	2	2	2	2
钙（%）	0.4	—	0.45	0.75
磷（%）	0.22	—	0.37	0.5
钾（%）	0.6	0.6	0.6	0.6
钠（%）	0.2	0.2	0.2	0.2
氯（%）	0.3	0.3	0.3	0.3
镁（毫克/千克）	300~400	300~400	300~400	300~400
铜（毫克/千克）	3	3	3	3
碘（毫克/千克）	0.2	0.2	0.2	0.2
锰（毫克/千克）	8.5	2.5	2.5	2.5
赖氨酸（%）	0.65	—	—	—
蛋氨酸+胱氨酸（%）	0.6	—	—	—
精氨酸（%）	0.6	—	—	—
组氨酸（%）	0.3	—	—	—
亮氨酸（%）	1.1	—	—	—
异亮氨酸（%）	0.6	—	—	—

续表

营养指标	生长	维持	妊娠	泌乳
苯丙氨酸＋酪氨酸（％）	1.1	—	—	—
苏氨酸（％）	0.6	—	—	—
色氨酸（％）	0.2	—	—	—
缬氨酸（％）	0.7	—	—	—
维生素 A（国际单位）	500	—	—	—
维生素 E（毫克/千克）	40	—	40	40
维生素 K（毫克/千克）	—	—	0.2	—

表 5-2 法国营养学家 F.Lebas 推荐的家兔饲养标准

营养指标	4~12 周龄生长兔	成年兔（包括公兔）	妊娠兔	泌乳兔	肥育兔
消化能（兆焦/千克）	10.46	9.20	10.46	11.3	10.46
代谢能（兆焦/千克）	10.00	8.86	10.00	10.88	10.00
粗蛋白（％）	15	18	18	18	17
粗纤维（％）	14	15~16	14	12	14
非消化粗纤维（％）	12	13	12	10	12
粗脂肪（％）	3	3	3	5	3
钙（％）	0.5	0.6	0.8	1.1	1.1
磷（％）	0.3	0.4	0.5	0.8	0.8
钾（％）	0.8	—	0.9	0.9	0.9
钠（％）	0.4	—	0.4	0.4	0.4
氯（％）	0.4	—	0.4	0.4	0.4
镁（％）	0.03	—	0.04	0.04	0.04
硫（％）	0.04	—	—	—	0.04
钴（毫克/千克）	1	—	—	—	1
铜（毫克/千克）	5	—	—	—	5
锌（毫克/千克）	50	—	70	70	70

营养指标	4~12周龄生长兔	成年兔（包括公兔）	妊娠兔	泌乳兔	肥育兔
铁（毫克/千克）	50	50	50	50	50
锰（毫克/千克）	8.5	2.5	2.5	2.5	8.5
碘（毫克/千克）	0.2	0.2	0.2	0.2	0.2
含硫氨基酸（%）	0.5	—	—	0.6	0.55
赖氨酸（%）	0.6	—	—	0.75	0.7
精氨酸（%）	0.9	—	—	0.8	0.9
苏氨酸（%）	0.55	—	—	0.7	0.6
色氨酸（%）	0.18	—	—	0.22	0.2
组氨酸（%）	0.35	—	—	0.43	0.4
异亮氨酸（%）	0.6	—	—	0.7	0.65
苯丙氨酸+酪氨酸（%）	1.2	—	—	1.4	1.25
缬氨酸（%）	0.7	—	—	0.85	0.8
亮氨酸（%）	1.5	—	—	1.25	1.2
维生素A（国际单位）	6000	—	12000	12000	10000
胡萝卜素（毫克/千克）	0.83	—	0.83	0.83	0.83
维生素D（国际单位）	900	—	900	900	900
维生素E（毫克/千克）	50	50	50	50	50
维生素K（毫克/千克）	—	—	2	2	2
维生素C（毫克/千克）	—	—	—	—	—
维生素B_1（毫克/千克）	2	—	—	—	2
维生素B_2（毫克/千克）	6	—	—	—	4
维生素B_6（毫克/千克）	40	—	—	—	2
维生素B_{12}（毫克/千克）	0.01	—	—	—	—
叶酸（毫克/千克）	1	—	—	—	—
泛酸（毫克/千克）	20	—	—	—	—

表 5-3　德国 W.Scholaut 推荐的家兔饲养标准　（每千克风干饲料含量）

营养指标	育 肥 兔	繁 殖 兔
消化能（兆焦/千克）	12.14	10.89
粗蛋白（%）	16~18	15~17
粗纤维（%）	9~12	10~14
粗脂肪（%）	3~5	2~4
钙（%）	1.0	1.0
磷（%）	0.5	0.5
镁（毫克）	300	300
氯化钠（%）	0.5~0.7	0.5~0.7
钾（%）	1.0	0.7
铜（%）	20~200	10
铁（毫克）	100	50
锰（毫克）	30	30
锌（毫克）	50	50
赖氨酸（%）	1.0	1.0
蛋氨酸+胱氨酸（%）	0.4~0.6	0.7
精氨酸（%）	0.6	0.6
维生素 A（国际单位）	8000	8000
维生素 D（国际单位）	1000	800
维生素 E（国际单位）	40	40
维生素 K（国际单位）	1	2
胆碱（毫克）	1500	1500
烟酸（毫克）	50	50
吡哆醇（毫克）	400	300
生物素（毫克）	—	—

第二节　常用饲料原料特性及质量控制

一、獭兔的主要饲料及营养价值

獭兔是食草动物，对粗纤维的消化和利用能力较强，但是单纯用草作为獭兔的饲料不能满足生长和繁殖后代的需要，必须搭配适当的精饲料和其他补充饲料，以保证獭兔的营养需要。按照国际分类法，将饲料分为青饲料、精饲料、粗饲料和补充饲料。

（一）青饲料

人工种植牧草有苜蓿、黑麦草、红（白）三叶草、菊苣、苦荬菜、燕麦草、紫云英、光叶紫花苕、鸭茅等；野生牧草有蒲公英、车前草、苦菜、马齿苋、野苋菜、稗草、艾蒿、野豌豆、葛藤等；蔬菜下脚料有各类蔬菜叶、胡萝卜缨、胡萝卜、红苕藤、南瓜、红苕、洋芋等。青饲料水分含量多，纤维含量少，营养丰富齐全。以全干物质计算，青饲料粗蛋白质含量较高，为13%~15%，豆科牧草高达18%~24%，粗纤维含量18%~30%。青饲料不仅蛋白质含量高，且蛋白质品质好，含维生素、矿物质较丰富，是供给獭兔维生素最好来源。青饲料幼嫩多汁，适口性好，易消化吸收。不仅可大量降低饲料成本，又可为獭兔提供较全面的营养物质。但因天然的青饲料含水分较高，营养浓度低，饲料容积大，限制了充分发挥潜在的营养优势作用。所以，用青饲料喂獭兔时应注意，一是要少喂勤添。第一次添加过多，兔吃不完后拉入笼内，造成浪费和导致獭兔消化道疾病增多。二是要与蛋白质、能量较高的精料或颗粒料搭配使用。三是做到五不喂，即有毒有害的不喂，发霉变质的不喂，含沙石、泥土和沾有农药的不喂，新割的有露水或霜冻的不喂，受热腐烂的不喂。四是同样供给饮水。

（二）精饲料

精饲料有玉米、麦类、谷物、豆类籽实等及其加工副产物米糠、麦麸，菜籽饼、豆饼等。精料体积小、粗纤维含量少、含能量和蛋白质较高，是用来调整兔日粮能量和蛋白质水平，以满足獭兔生长繁殖、泌乳、肥育的主要饲料。獭兔是单胃草食动物，用草可把獭兔喂大，但纯用精料则会导致獭兔消化不良，引起腹泻等消化道疾病，甚至死亡。所以，精饲料必须搭配粗饲料制成全价配合饲料才能用来喂兔。值得注意的是精饲料虽然营养价值高，适口性好，但价格较贵。所以，为了节约饲料成本，我们也需选用青粗饲料合理搭配。

（三）粗饲料

粗饲料是指干物质中粗纤维含量大于或等于18%，单位饲料容积大的饲料，主要有青干草和秸秆两大类。其中常见的有青干草和花生藤、豆秸、玉米秆、统糠等。从营养价值讲，青干草较花生藤、豆秆、豌豆藤饲料好，而豆科类稿秕饲料较禾本科秸秆好。

一般干草在配合饲料中可占20%~30%，而稿秕饲料则不宜超过20%。优质的禾本科青干草可直接喂獭兔。粗饲料一般宜粉碎后与精饲料混合制成颗料或拌湿使用。粗饲料的粉碎细度以便于与其他精料混匀和獭兔喜欢采食为度。粉碎过细反而不利于獭兔的正常消化和排泄。农村广大的獭兔养殖场（户）将统糠与麦麸等混合后喂獭兔，而统糠质量较差，不适宜喂断奶兔，就是喂成兔和肥育兔时，其用量也不宜超过15%。

（四）补充饲料

有食盐、骨粉、石粉、多种维生素和矿物质添加剂等。食盐是补充氯、钠元素，缺乏时会出现食欲不佳、生长缓慢，产仔母兔出现食仔现象；喂量过高会出现中毒，比例为0.5%~1.0%。石粉（钙粉）、骨粉可补充钙磷，钙磷缺乏时，仔兔、幼兔发育不良，可发生佝偻病。各种饲料营养成分含量见表5-4、表5-5。

表5-4　獭兔常用饲料营养成分、可消化能和可消化粗蛋白质含量

单位：%、兆焦/千克

饲料名称	干物质（DM）	粗蛋白（CP）	粗纤维（CF）	总能（GE）	消化能（DE）	可消化粗蛋白（DCP）	能量消化率	粗蛋白质消化率
蛋白质饲料								
一级大豆饼	86.10	43.45	4.52	17.769	14.368	32.63	80.85	75.10
二级大豆饼	85.75	42.30	3.64	17.866	13.535	30.81	75.76	72.83

续表

饲料名称	干物质（DM）	粗蛋白（CP）	粗纤维（CF）	总能（GE）	消化能（DE）	可消化粗蛋白（DCP）	能量消化率	粗蛋白质消化率
菜籽饼	91.01	35.96	10.96	17.686	13.330	24.16	75.36	67.19
胡麻饼	89.58	33.85	9.36	18.418	10.920	18.61	59.29	54.96
大麻饼	81.99	29.19	23.78	15.954	11.025	22.00	69.11	75.37
荏 饼	93.10	35.29	16.16	18.757	12.640	27.75	57.43	78.63
豆腐渣	97.19	27.45	13.55	19.481	16.318	19.28	83.77	70.25
大 豆	91.69	35.53	4.90	21.447	17.677	24.66	82.43	69.39
黑 豆	91.63	31.13	5.70	20.966	17.004	20.16	81.10	64.76
豌 豆	91.37	20.48	4.86	16.761	13.824	17.96	82.50	87.70
蚕 豆	88.94	24.02	7.79	16.510	13.531	17.20	81.95	71.62
鱼 粉	91.74	58.54	0	18.774	15.790	49.24	84.12	84.63
能量饲料								
玉 米	89.49	8.95	3.21	16.782	16.054	8.31	95.67	92.84
小 麦	90.40	14.63	2.28	15.523	14.217	12.78	91.95	87.36
大 麦	90.15	10.19	4.31	16.510	14.067	6.83	85.20	67.00
燕 麦	92.42	8.81	9.99	17.447	12.552	3.99	71.94	45.34
青 稞	89.41	11.60	3.20	16.824	15.251	5.76	90.63	49367
谷 子	88.36	10.59	4.90	16.347	14.895	8.36	92.37	78.98
糜 子	89.39	9.54	10.44	15.920	11.305	12.78	64.13	65.13
麸 皮	89.50	15.62	9.24	16.949	12.159	11.01	71.74	70.46
马铃薯渣	89.18	4.34	6.48	14.209	11.514	1.86	87.75	42.78
甜菜渣	91.87	9.69	10.33	16.431	12.113	4.23	73.72	43.65
青绿饲料								
苜 蓿	26.57	4.42	8.70	4.774	1.937	2.73	40.62	61.72
红豆草	27.32	4.87	7.23	4.941	2.544	2.63	51.47	54.11
野豌豆	27.35	4.26	8.57	5.171	1.686	1.44	32.67	33.77
黑麦草	22.80	4.07	4.70	3.987	1.883	2.76	47.26	67.70
紫云英	24.22	5.03	12.26	4.155	2.715	3.86	65.35	76.74

饲料名称	干物质（DM）	粗蛋白（CP）	粗纤维（CF）	总能（GE）	消化能（DE）	可消化粗蛋白（DCP）	能量消化率	粗蛋白质消化率
甘蓝	5.24	1.09	0.57	0.912	0.874	1.01	95.72	93.07
地肤	14.25	2.85	2.91	2.218	1.163	2.10	52.51	78.80
胡萝卜	8.73	0.68	0.82	1.485	1.469	0.33	98.79	48.37
马铃薯	39.03	2.31	0.52	6.669	5.816	1.13	87.18	48.78
青干草（粉）								
苜蓿1号	89.10	11.49	36.86	17.769	4.962	6.65	27.94	57.85
苜蓿2号	90.82	11.76	41.46	16.318	4.594	7.86	28.73	66.83
苜蓿3号	91.43	11.49	30.49	16.159	5.816	6.85	35.99	59.66
苜蓿4号	91.00	20.32	25.00	16.610	7.473	13.38	44.96	65.85
红豆草	90.19	11.78	26.25	16.192	7.924	4.42	47.77	37.48
红三叶	91.31	9.49	28.26	15.966	9.355	6.22	58.59	65.54
杂三叶	93.50	10.64	25.96	15.472	3.590	6.18	21.21	58.12
紫云英	92.38	10.84	34.00	15.795	2.054	6.16	12.99	56.85
小冠花	88.30	5.22	44.15	16.431	4.322	2.54	26.31	48.65
箭舌豌豆1号	93.26	8.15	42.99	15.657	1.623	3.39	10.38	41.65
箭舌豌豆2号	94.09	18.98	12.09	16.573	7.130	11.34	43.02	59.76
草木樨	92.14	18.49	29.67	16.715	6.644	12.22	61.64	61.44
沙打旺	90.85	16.05	22.74	16.376	6.840	8.81	41.78	54.92
俄罗斯野麦草	90.27	12.25	29.04	15.769	4.632	9.56	29.38	78.02
草地羊茅	90.12	11.70	18.73	14.276	8.255	7.36	57.81	62.91
百麦根	92.28	10.03	18.87	16.472	9.824	7.17	59.63	71.50
鸭茅	93.32	9.29	26.65	16.435	6.874	8.08	41.82	86.94
马铃薯藤	88.74	19.72	13.55	13.188	8.895	15.61	67.44	79.14
小冠花	88.30	5.22	44.15	16.431	4.322	2.54	26.31	48.65
玉米秸	66.72	6.50	18.77	11.544	8.163	5.26	70.70	80.97
无芒雀麦1号	90.61	10.48	28.48	16.633	4.213	3.43	26.29	32.74

饲料名称	干物质（DM）	粗蛋白（CP）	粗纤维（CF）	总 能（GE）	消化能（DE）	可消化粗蛋白（DCP）	能 量消化率	粗蛋白质消化率
无芒雀麦2号	90.98	5.17	13.61	16.318	7.590	6.24	46.51	62.39
燕麦秸	92.24	5.51	22.49	15.569	7.820	2.34	47.20	42.48
南瓜粉	96.51	7.78	32.94	16.217	12.828	4.43	79.11	56.91
葵花盘	88.49	6.73	16.22	14.192	9.314	3.53	65.63	52.48
谷 糠	91.74	4.24	39.64	16.857	4.050	1.16	24.03	27.38
糜 糠	90.26	6.42	46.97	16.815	3.740	3.87	22.24	60.35
苹果树叶	88.01	8.36	12.81	15.736	4.816		30.61	−2.67
槐树叶	90.79	12.36	17.81	14.802	2.213		14.94	−20.52

本表引自《中国养兔杂志》，1990，第 1 期，第 21~22 页。

表5-5　獭兔常用饲料主要氨基酸、微量元素含量　　（风干饲料）

饲料名称	赖氨酸（%）	含硫氨基酸（%）	铜（毫克/千克）	锌（毫克/千克）	锰（毫克/千克）
大 豆	2.03	1.00	25.1	36.7	33.1
黑 豆	1.93	0.87	24.0	52.3	38.9
豌 豆	1.23	0.67	3.7	24.7	1.49
蚕 豆	1.52	0.52	11.1	17.5	16.7
菜 豆	1.70	0.40	—	—	—
豆 饼	2.07	1.09	13.3	40.6	32.9
羽扇豆	1.90	0.75	—	—	—
菜籽饼	1.70	1.23	7.7	41.1	61.1
亚麻饼	1.22	1.22	23.9	52.3	51.0
大麻饼	1.25	1.13	18.3	90.9	98.4
荏 饼	1.69	1.45	20.2	52.2	62.8
棉籽饼	1.38	0.91	10.0	46.4	12.0
花生饼	1.70	0.97	12.3	32.9	36.4
芝麻饼	0.51	1.51	37.0	94.8	51.6

续表

饲料名称	赖氨酸（%）	含硫氨基酸（%）	铜（毫克/千克）	锌（毫克/千克）	锰（毫克/千克）
豆腐渣	1.45	0.70	6.6	24.9	20.5
鱼粉	5.32	2.65	6.8	79.8	13.5
肉骨粉	2.00	0.80	—	—	—
血粉	8.08	1.74	7.4	23.4	6.1
蚕蛹粉	3.96	1.18	21.0	212.5	14.5
全脂奶粉	2.26	0.96	0.91	—	0.5
脱脂奶粉	2.48	1.35	11.7	41.0	2.2
玉米	0.22	0.20	4.7	16.5	4.9
大麦	0.33	0.25	8.7	22.7	30.7
燕麦	0.32	0.29	15.9	31.7	36.4
小麦	0.32	0.36	8.7	22.7	30.7
麦麸	0.56	0.75	17.6	60.4	107.8
黑麦	0.42	0.36	6.8	31.8	55.0
荞麦	0.69	0.33	5.8	22.9	19.8
元麦	0.58	0.56	5.8	19.6	8.6
高粱	0.20	0.21	1.3	11.9	15.7
青稞	0.26	0.16	10.4	35.8	18.3
谷子	0.22	0.42	17.6	32.7	29.1
糜子	0.15	0.28	11.2	57.7	117.4
稻谷	0.37	0.36	3.9	19.2	42.0
碎米	0.42	0.44	4.7	15.9	22.2
米糠	0.68	0.60	8.5	40.5	57.4
米糠饼	0.98	0.78	10.7	60.8	115.0
田菁粉	1.36	0.55	13.0	34.0	21.4
苜蓿粉（优质）	0.90	0.51	10.3	21.1	32.1
苜蓿粉（差）	0.60	0.44	18.5	17.0	29.0
红三叶草	0.35	0.24	21.0	56.0	69.0
红豆草	0.45	0.23	4.0	20.0	22.5

饲料名称	赖氨酸（%）	含硫氨基酸（%）	铜（毫克/千克）	锌（毫克/千克）	锰（毫克/千克）
狗牙根	0.74	0.18	—	—	—
燕麦秸	0.18	0.26	9.8	—	29.3
小冠花	0.30	0.09	4.1	4.7	162.5
箭舌豌豆	0.54	0.15	1.2	22.7	14.9
草木樨	0.54	0.25	8.8	27.5	38.5
沙打旺	0.70	0.09	6.7	14.6	66.2
无芒雀麦	0.35	0.23	4.3	12.1	131.3
青草粉	0.32	0.13	13.6	60.2	52.3
松针粉	0.39	0.16	—	—	—
麦芽根	0.71	0.43	20.0	97.1	256
大豆秸	0.33	0.13	9.6	23.4	32.5
玉米秸	0.21	0.24	8.6	20.0	33.5
南瓜粉	0.26	0.12	—	—	—
葵花盘	0.27	0.18	2.5	7.3	26.3
谷 糠	0.13	0.14	7.6	36.5	70.5
米 糠	0.26	0.27	3.1	14.6	23.1
蚕 沙	0.36	0.19	8.6	29.7	79.1
槐树叶	0.69	0.18	9.2	15.9	65.5

（五）人工种植牧草

1. 适宜养兔的高产优质牧草品种

禾本科牧草：多年生黑麦草、多花黑麦草、鸭茅、小米草（雀稗）、苇状羊茅、扁穗牛鞭草、苏丹草、墨西哥玉米等。

豆科牧草：紫花苜蓿、光叶紫花苕、紫云英、红豆草、红三叶、白三叶等。

菊科牧草：菊苣，苦荬菜（小鹅草）等。

2. 人工种草种植模式

（1）果草间作　在柑橘、柚、桃、梨等果树下种植多花黑麦草、鸭茅、红三叶、白三叶、光叶紫花苕等牧草。

（2）水稻与牧草轮作　当水稻进入成熟期时放干水，将多花黑麦草、紫云英种子撒入田内或在水稻收割后播种牧草，待水稻收割后，追肥，冬春收割青草。也可在水稻收割后，浅耕或划破表土播种多花黑麦草，利用到来年5月翻耕栽水稻，此法在南方各省均可应用。

（3）小麦预留行种草　在小麦预留行种植多花黑麦草，11月份时开始刈割利用，或套种菊苣、黑麦草、紫云英等草种，待5月上旬小麦收获后，接茬播种玉米、芝麻、花生或红苕等大春作物。菊苣、苦荬菜、光叶紫花苕可继续利用。

（4）四边地种草　包括田埂、土坡、路边、房前、房后、河滩等地，水肥条件较好，宜种植多花黑麦草、红三叶、白三叶和扁穗牛鞭草、苇状羊茅、光叶紫花苕等。

（5）25°以上坡耕地退耕种草　采用多年生黑麦草、菊苣、红三叶、白三叶、苇状羊茅、鸭茅等混播，建立多年生人工草地（刈割草地），也可在坡台地种植多年生黑麦草、菊苣和扁穗牛鞭草等多年生牧草。

3. 主要草种的特征特性和经济价值

牧草是獭兔最主要、最优质、最经济的饲料，也是饲养獭兔的物质基础。但因牧草种类繁多，选择适宜草种和品种尤为重要。草种的选择主要依据适栽性、牧草的产量、供给时间、营养价值和獭兔对牧草的适口性等方面，但并非绝对，有的牧草如串叶松香草从适栽性、产量、质量等都较好，但是叶面有针芒，适口性较差，需要加工。有的牧草如紫花苜蓿、红三叶、白三叶、光叶紫花苕等其适口性好、营养价值高，但产量较低，也不能说这些草种不好。从目前来讲，种植牧草大部分是禾本科、豆科和菊科牧草，现将四川省草原科学研究院通过多年来引种栽培筛选出来的主要牧草品种（表5-6）推荐给广大养殖场（户）。

表5-6　主要牧草品种的特征特性和经济价值

牧草品种名称	生活型	主要特征特性	产草季节	产草量（千克/亩）
多花黑麦草	一年或多年生疏丛型	叶线型，叶长35~40厘米，宽1~1.5厘米，喜水肥	冬、春、夏初	9000~12000
小米草	一年生疏丛型	叶线型，叶长40~50厘米，宽2~2.5厘米，耐热，喜水肥	春末夏初	8000~10000
鸭茅	多年生疏丛型	叶线型，叶长17~30厘米，宽1~1.5厘米，喜水肥，喜光，怕热	四季	8000~10000
苏丹草	一年生疏丛型	叶线型，叶长35~55厘米，宽3~4厘米，喜水肥，耐热怕寒	夏、秋	8500~11000
墨西哥玉米	一年生疏丛型	叶线型，叶长40~60厘米，宽3.5~4厘米，喜水肥，喜光温，怕寒	夏、秋	12000~15000
苇状羊茅	多年生疏丛型	叶线型，叶长25~35厘米，宽0.8~1.2厘米，喜水肥，耐荫，耐瘠瘦	四季	3500~8000
扁穗牛鞭草	多年生疏丛型	叶线型，叶长8~15厘米，宽0.7~0.8厘米，喜水肥，喜光温，抗病力强	春、夏、秋	9500~15000
白三叶	多年生匍匐型	三出复叶，小叶有V形斑，匍匐生长，喜温湿环境，不耐热	秋末、冬春、夏初	7500~11000
红三叶	多年生疏丛型	三出复叶、直立、小叶有V形斑，喜水肥，充足土，不耐热	秋末、春、夏初	7000~7500
紫花苜蓿	多年生疏丛型	三出复叶、直立、花为紫色，直根，喜水肥，充足的钙质土	春、夏、秋、冬初	7000~9000
光叶紫花苕	一年生匍匐型	奇数羽状复叶，有卷须匍匐生长，喜水肥，耐贫瘠	春、夏初	3500~5000

续表

牧草品种名称	生活型	主要特征特性	产草季节	产草量（千克/亩）
紫云英	一年生疏丛型	奇羽状，复叶，花紫色喜湿润田土，怕干旱	春末、夏初	3000~5000
菊苣	多年生疏丛型	叶倒卵形、齿裂或羽裂有白色浆叶，喜水肥，耐热，耐寒	春、夏、秋	15000~25000
苦荬菜	一年生疏丛型	叶倒卵形、齿裂或羽裂有白色浆，喜水肥，耐热，耐寒	春、夏、秋	8000~10000

注：1公顷=15亩，1亩≈667平方米，全书同。

4.优质牧草人工丰产栽培技术

（1）播种时期的选择　牧草分为秋播、春播草。如多年生黑麦草、多花黑麦草、三叶草、紫花苜蓿、鸭茅、光叶紫花苕、紫云英、苦荬菜、菊苣、苇状羊茅等适宜秋天播种。苏丹草、墨西哥玉米、扁穗牛鞭草等适合春播。秋播一般在8月中旬至11月上旬，春播一般在3月中旬至5月下旬。

（2）整地方式和施肥技术　整地精细有利于出苗保墒。施肥应深施底肥，即在耕地前将农家肥或磷肥均匀撒在地面，翻地压于土内深20~30厘米土中，有利于牧草根系充分发育，吸收土内养分，对保苗、提苗，提高牧草产草量有利。追肥应及时，在每次刈割后均匀撒施，一般施以畜禽粪尿水。

（3）播种后的田间管理　①种草可采用条播、撒播、穴播，播种盖土与镇压结束后，立即用细土盖好种子，小粒种子如苦荬菜、红三叶、白三叶等盖土厚0.5厘米；中粒种子如紫花苜蓿、紫云英、苏丹草、鸭茅、黑麦草、苇状羊茅等盖土厚1.0厘米；大粒种子如墨西哥玉米、光叶紫花苕等盖土厚3.0厘米。②除杂草，牧草在幼苗生长发育较慢，容易被季节性速生杂草抑制，致使其生长受阻，所以要视杂草危害程度拔除高大遮阴争水肥较强的杂草，给牧草创造一个良好的生境。③补栽，由于播种、虫害、鼠害、干旱、微地形等原因造成缺苗的地

段（或穴），应在雨天匀密处的苗，栽种在稀或缺苗的地方，做到全苗。

④ 管护幼苗期的牧草地应防止人、畜践踏，不准放牧。同时，打好排洪沟渠，防止溃水为害。

5. 人工种植牧草的收贮技术与利用

（1）人工牧草的收获技术　最适时刈割可获得高产和优质的饲草。刈割不仅是一次产品收获，也是一项田间管理措施。因此刈割时间是否得当，留茬高度是否合适，都直接影响牧草的生长和产量。刈割过早，虽然草质质量好，但产量低。延迟刈割不仅降低饲草质量，也影响生长季节的刈割次数。因此，最适时的刈割时期应把产量和质量两者结合起来。刈割留茬高度也因不同牧草而有不同的要求，对于从根茎腋芽发出新枝的牧草留茬在10~15厘米。而从茎枝腋芽发出新枝的则应留茬高度在15~30厘米。现将几种牧草刈割参数列表5-7。

表5-7　几种牧草刈割参数

项目 牧草品种名称	刈割时草层高度 （厘米）	留茬高度 （厘米）	刈割次数 （次/年）
多花黑麦草	40~45	3~5	4~7
光叶紫花苕	30~50	10~15	2~3
红三叶	30~40	5~10	3~5
白三叶	30~40	5~10	3~4
紫花苜蓿	60~70	5~10	3~4
紫云英	30~50	10~15	3~4
菊苣	40~45	2~3	6~8
苦荬菜	30~50	5~10	4~6
鸭茅	30~40	5~8	5~6
苏丹草	30~40	20~30	5~6
扁穗牛鞭草	30~40	5~10	7~8
苇状羊茅	30~50	20~30	2
墨西哥玉米	80~100	10~20	5~6

（2）干青草调制　优质干青草是指收割时适当，含叶量丰富，绿

色并带有特殊的干草芳香味道，不混杂有毒有害物质，所含水分一般10%~15%。干青草营养丰富，晒制于秋季，晴天将青草刈割以后，在原地或另选一地势高处将青草摊开暴晒，每隔数小时适当翻晒，以加速水分蒸发。一般早上刈割，傍晚叶片已凋萎。水分已降至30%左右，就可把青干草堆集成约一米的小堆，任其在小堆内风干。或架上晒草，因多雨或逢阴雨季节晒草，最好采用这种方法。在架上晒青草要堆放成圆锥形或屋脊形，要堆得蓬松，厚度不超过70~80厘米，离地面20~30厘米，堆中应留空道，以利空气流通。外层要平整，有一定倾斜度，以利排水。架上干燥时间1~3周。

　　（3）人工种植牧草的利用　对于养獭兔，一是可直接饲喂优质牧草，补添适量配合精料，可解决季节性缺草的矛盾。二是将青草晒成干青草贮备到冬春缺草季节饲喂。三是也可将青干草加工成草粉，生产草粉全价颗粒料或草粉配合颗粒料。几种主要牧草营养成分见表5-8。

表5-8　几种主要牧草营养成分

项目 牧草 名称	物候期	饲料干物质中含量（%）						
		粗蛋白	粗脂肪	粗纤维	无氮 浸出物	粗灰分	钙	磷
紫花 苜蓿	初花期	15.2~15.8	1.2~1.5	25.0~37.0	25.0~36.0	7.3~8.2	1.5~2.5	0.24~0.39
多花黑 麦草	叶丛期	18.6	3.8	21.2	48.3	14.8	0.62	0.19
菊苣	营养 生长期	20~23	5.3	9.9	35~42	12.3	1.31	0.53
红三叶	初花期	20.4	5	16.1	49.7	8.8	1.29	0.33
白三叶	初花期	28.7	3.4	15.7	40.4	11.8	1.72	0.34
苇状 羊茅	乳熟期	10.10	1.7	34.9	46.6	6.7	0.22	0.28
紫云英	初花期	28.4	5.07	13.0	45.1	8.4		
光叶 紫花苕	盛花期	23.3	5.02	27.9	32.54	9.17	0.94	0.47

项目\n\n牧草\n名称	物候期	饲料干物中含（%）						
		粗蛋白	粗脂肪	粗纤维	无氮浸出物	粗灰分	钙	磷
鸭茅	营养生长期	18.4	5	23.4	41.8	11.4	0.63	0.24
苏丹草	抽穗期	15.3	2.8	25.9	47.2	8.8	0.92	0.22
墨西哥玉米	初花期	9.5	2.6	27.3	51.6	9.0		
扁穗牛鞭草	孕穗期	10.82	1.91	31.19	47.63	7.0	0.45	0.26
苦荬菜	花 期	21.06	5.43	6.35	43.85	0.29	0.06	0.28

6. 养獭兔青饲牧草轮供方案

（1）种植的青饲料轮供依据　根据獭兔不同类型、年龄、体重、不同生理状况、生产力大小，按照饲养标准计算出每日、每月总需青料数量，再参照种植牧草和饲料作物的播种期、刈割期、利用期、产量和品质，确定适栽的牧草或饲料作物品种和种植面积，以满足獭兔四季青料均衡供应。

（2）牧草、饲料品种的选择　种植的牧草和饲料作物品种应具有优质高产、多次刈割、供青期长，适口性好，保证均衡供应，青草种类多样。同时注意野生牧草与种植的牧草禾本科、豆科、多汁饲料和饲用叶菜类的合理搭配。

（3）养獭兔青饲草轮供方案　饲养獭兔采用野生牧草与种植牧草利用兼顾的原则。同时在牧草生长旺季晒制青干草，解决獭兔养殖生产中的冬春饲草欠缺和四季青饲料的供应。其方案见表5-9。

表 5-9　饲养獭兔饲草轮供方案

品种名称 ＼ 月份	1	2	3	4	5	6	7	8	9	10	11	12	备注
多花黑麦草	~	~	~	~	~				○		~	~	
菊 苣			○	○	~	~	~		~	~			
光叶紫花苕			~	~		~		○	○	○			
苜 蓿			○	○	~	~	~		~				
苦荬菜			~	○				○					
胡萝卜	~	~	~				○	○				~	
野生牧草				~	~	~	~	~	~	~	~		

注：○播种期，~刈割期。

二、常用的饲料原料

适用于能通过人的味觉、嗅觉、触觉、视觉等进行感观检查的动、植物性饲料原料。

1. 玉米

较好的玉米呈黄色且均匀一致，无杂色玉米。随机抓一把在手中，嗅其有无异味，粗略估计（目测）饱满程度、杂质、霉变、虫蛀粒的比例，初步判断其质量。随后，取样称重，测容重（或千粒重），分选霉变粒、虫蛀粒、不饱满粒、热损伤粒、杂质等异常成分，计算结果。玉米的外表面和胚芽部分可观察到黑色或灰色斑点为霉变，若需观察其霉变程度，可用指甲掐开其外表皮或掰开胚芽作深入观察。区别玉米胚芽的热损伤变色和氧化变色，如为氧化变色，味觉及嗅觉可感氧化（哈喇）味。用指甲掐玉米胚芽部分，若很容易掐入，感觉较软，则水分较高；若掐不动，感觉较硬，水分较低，则水分较高。也可用牙咬判断，或用手搅动（抛动）玉米，如声音清脆，则水分较低，反之水分较高。

2. 豆粕

先观察豆粕颜色，较好的豆粕呈黄色或浅黄色，色泽一致。较生的豆粕颜色较浅，有些偏白，豆粕过熟时，则颜色较深，近似黄褐色（生豆粕和熟豆粕的脲酶均不合格）。再观察豆粕形状及有无霉变、发酵、结块和虫蛀并估计其所占比例。好的豆粕呈不规则碎片状，豆皮较少，无结块、发酵、霉变及虫蛀。有霉变的豆粕一般都有结块，并伴有发酵，掰开结块，可看到霉点和面包状粉末。其次判断豆粕是否经过二次浸提，二次浸提的豆粕颜色较深，焦糊味也较浓。最后取一把在手中，仔细观察有无杂质及杂质数量，有无掺假（豆粕主要防掺豆壳、秸秆、麸皮、锯末粉、沙子、石粉等物）。闻豆粕的气味，是否有正常的豆香味，是否有生味、焦糊味、发酵味、霉味及其他异味。若味道很淡，则表明豆粕较陈。咀嚼豆粕，尝一尝是否有异味，如生味、苦味或霉味等。用手感觉豆粕水分。用手捏或用牙咬豆粕，感觉较绵的，水分较高；感觉扎手的，水分较低。两手用力搓豆粕，若手上粘有较多油腻物，则表明油脂含量较高（油脂高会影响水分判定）。

3. 菜粕

先观察菜粕的颜色及形状，判断其生产工艺类型。浸提菜粕呈黄色或浅褐色粉末或碎片状，而压榨的菜粕颜色较深，有焦糊味，多碎片或块状，杂质也较多，掰开块状物可见分层现象。压榨菜粕因其品质较差，一般不被选用（但有可能掺入浸提的菜粕中）。再观察菜粕有无霉变、掺杂、结块现象，并估计其所占比例（菜粕中还有可能掺入沙子、桉树叶、菜籽壳等物）。闻菜粕味道，是否有菜油香味或其他异味，压榨的菜粕较浸提的香。抓一把在手上，拈一拈其分量，若较重，可能有掺沙现象，松开手将菜粕倾倒，使自然落下，观察手中菜粕残留量，若残留较多，则水分及油脂含量都较高。同时，观察其有无霉变、氧化现象。再用手摸菜粕感觉其湿度，一般情况下，温度较高，水分也较高，若感觉烫手，大量堆码很可能会引起自燃。

4. 棉粕

观察棉粕的颜色、形状等。好棉粕多为黄色粉末，黑色碎片状棉籽壳少，棉绒少，无霉变及结块现象。抓一把在手中，仔细观察有无掺杂，估计棉籽壳所占比例及棉绒含量高低，若棉籽壳及棉绒含量较高，则棉粕品质较差，粗蛋白较低，粗纤维较高。用力抓一把，再松开，若棉粕被握成团块状，则水分较高，若成松散状，则水分较低。将棉粕倾倒，观察手中残留量，若残留较多，则水分较高，反之较少。用手摸感觉其湿度，一般情况下，温度较高，水分较高，若感觉烫手，大量堆码可能会自燃。闻棉粕的气味，看是否有异味、异臭等。

5. 次粉

看次粉颜色、新鲜程度及含粉率。好次粉呈白色或浅灰白色粉状。颜色越白，含粉率越高（好次粉含粉率应在90%以上）。闻次粉气味，是否有麦香味或其他异臭、异味、霉味、发酵味等。抓一把次粉在手中握紧，若含粉率较低，松开时次粉呈团状，说明水分较高，反之较低（含粉率很高时则不能以此判定水分高低，要以化验为准）。取一些次粉在口中咀嚼，感觉有无异味或掺杂。若次粉中掺有钙粉等物时，会感觉口内有渣，含而不化。

6. 麸皮

观察颜色、形状。麸皮一般呈土黄色，细碎屑状，新鲜一致。闻麸皮气味，是否有麦香味或其他异味、异臭、发酵味、霉味等。抓一把麸皮在手中，仔细观察是否有掺杂或虫蛀；拈一拈麸皮分量，若较坠手则可能掺有钙粉、膨润土、沸石粉等物，将手握紧，再松开，感觉麸皮水分，水分高较粘手，再用手捻一捻，看其松软程度，松软的麸皮较好。

7. 洗米糠

先观看颜色、形状。洗米糠呈浅灰黄色粉状，新鲜一致，伴有少量碎米和谷壳尖。再看其是否发霉、发酵和生有肉虫。闻气味，是否有清香味或其他异臭、异味、霉味、发酵味等。抓一把在手中，用力握紧后再松开，若手指和手掌上有滑腻的感觉，则含油较高，反之较低；若手感没有滑腻感觉，但有湿润感，则水分较高；察看碎米颜色，若米粒有渗透形的绿色时，则不新鲜；用手指在手掌上反复揉捻，若感觉粗糙则说明糠壳较重；抓一把若坠手，则说明可能有掺杂。取少许洗米糠在口中含化，看有无异味或掺杂，正常情况下，应有微甜味、化渣。假如含化时不化渣，咀嚼有细小硬物，则可能掺有膨润土、沸石粉、泥灰、沙石等物质。

8. 大豆

观察大豆颜色及外观。大豆应颗粒均匀，饱满，呈一致的浅黄色，无杂色、虫蛀、霉变或变质。用手掐或用牙咬大豆，据其软硬程度判断

大豆水分高低，大豆越硬，水分越低。

9. 肉骨粉

看其颜色、形状。肉骨粉是呈黄色至淡褐色和深褐色粉状物，含脂肪高的色深，牛羊肉骨粉颜色较深，猪肉骨粉较浅，含有细骨粒、肉质和脂肪球。借助镜检可见黄色至淡褐色或深褐色固体颗粒，显油腻。组织形态变化很大，肉质表面粗糙并粘有大量细粉，一部分可看到白色或黄色条纹和肌肉纤维纹理，肉质为较硬的白色、灰色或浅棕黄色的块状颗粒，不透明或半透明，带点儿斑点，边缘圆钝。经常混有血粉特征，也有混入动物毛发的，毛发特征长而粗、弯曲，颜色不同，羊毛通常是无色的半透明弯曲线条。肉骨粉闻之有腊肉香味。若有异味、异臭、氨味和焦味则表明此肉骨粉不新鲜，存放时间过长，已腐败。抓一把肉骨粉握紧，松开后，能自然散开，否则可判断此肉骨粉水分及脂肪含量较高。口含少许能成团，咀嚼时有肉松感，有肉香味，无其他异味，无细硬物，若有且多，则表明沙分含量较高，味咸则盐分含量高，味苦则表明曾自燃或烘焦过。

10. 鱼粉

观看鱼粉颜色、形状。鱼粉呈黄褐色、深灰色（颜色以原料及产地为准）粉状或细短的肌肉纤维性粉状，蓬松感明显，含有少量鱼眼珠、鱼鳞碎屑、鱼刺、鱼骨或虾眼珠、蟹壳粉等，松散无结块、无自燃、无虫蛀等现象。闻鱼粉气味，有正常气味，略带腥味、咸味，无异味、异臭、氨味，否则表明鱼粉放置过久，已经腐败，不新鲜。抓一把鱼粉握紧，松开后，能自动疏散开来，否则说明油脂或水分含量较高。口含少许能成团，咀嚼有肉松感，无细硬物，且短时间内能在口里溶化，若不化渣，则表明此鱼粉含沙石等杂物较重，味咸则表明盐分重，味苦则表明曾自燃或烧焦。通过显微镜详细检查鱼粉有无掺杂使假现象。

11. 膨化大豆

观其颜色和形状：膨化大豆应呈黄色或淡黄色膨化颗粒状，无明显大豆瓣和粉末状。闻其气味：膨化大豆应有较浓的豆香味，不应有生豆子味，也不能有焦煳味和霉臭味。用手触摸：颗粒均匀疏松，不硬也不软。用口尝：感受有无异味，用牙咬应有较清脆的声音。

12. 蚕蛹

看颜色和含量：蚕蛹呈黄褐色或浅黑色的蛹状油浸物，无明显粉末泥沙和丝状杂质，僵蚕含量不宜超过 5%，无明显霉变和虫蛀。抓一把蚕蛹详闻其气味，应有新鲜的腊香味，无异味异臭，若已有霉臭味，则该蚕蛹不新鲜，已发酵变质。用手捏，蚕蛹能成粉末，但又不全是粉末，若全呈粉末则说明烘烤过度，将影响粗蛋白质。用口尝，有酥香味，口含不久将溶化。

13. 统糠

先观看颜色、形状，统糠呈浅灰黄色，形状新鲜一致，伴有少量谷壳壳尖，看其是否发霉、发酵和生有肉虫。闻气味，是否有清香味或其他异臭、异味、霉味、发酵味等。抓一把在手中，用力握紧后再松开，若手感没有滑腻感觉，但有湿润感，则水分较高；抓一把若坠手，则说明可能掺杂，咀嚼有细小硬物，则可能掺有膨润土、沸石粉、泥灰、沙石等。

14. 膨润土

先观看其颜色。打开袋，看其是否有结块现象，若有结块现象则水分较高，用手用力握紧，再松开，成块不散开则水分较高。抓一把膨润土在手中，有滑腻的感觉，若有细小颗粒，则有掺杂。

15. 油脂（混合油、棕油、鱼油）

先观察油脂颜色，油脂颜色为棕色。嗅油脂味道，是否有异臭、异味或焦味。用一张纸拿木棍在油脂容器的中间和底部取油。分别沾在纸上，用火烧，有滋滋声音则掺有水分。用手指捻，油脂有十分滑腻的感觉，有细小颗粒则掺杂。

第三节　獭兔饲料添加剂的种类与使用

饲料添加剂是指在饲料生产加工、使用过程中添加的少量或微量物质，在饲料中用量少但作用显著。饲料添加剂是现代饲料工业必然使用的原料，对强化基础饲料营养价值，改善动物生产性能，保证动物健

康，节省饲料成本，改善畜产品品质等方面有明显的效果。

一、维生素添加剂

维生素添加剂是指在饲料中补充维生素不足的营养性物质。维生素是一类复杂的有机物，对动物的新陈代谢必不可少。但正常情况下需要量少，维生素缺乏通常导致生长速度减慢和一系列病理症状。

常用的维生素分脂溶性和水溶性两大类。脂溶性维生素包括维生素A、维生素D、维生素E和维生素K四种，水溶性维生素包括B族维生素、维生素C等。每一种维生素都起着其他物质不能替代的特殊营养生理作用。

1. 维生素A

维生素A又称视黄醇，是一种呈微黄色油状或结晶状的高度不饱和脂肪醇，有保护皮肤和黏膜的作用，计量单位为U。1单位的维生素A约等于0.3微克。常用的维生素A多为化学合成品，有维生素A醇、维生素A乙酸酯和维生素A棕榈酸酯等，饲料添加剂中多使用维生素A棕榈酸酯。

2. 维生素D

维生素D又称骨化醇或抗佝偻病维生素，是一类与动物体内钙、磷代谢相关的活性物质，能促进动物消化道对钙、磷的吸收。维生素D有多种形式，其中以维生素D_2和维生素D_3较为重要和常用。饲料添加剂中多使用维生素D_3。

3. 维生素E

维生素E又称生育酚，是一类有生物活性的酚类化合物，其中以α-生育酚效价最高和最为常用。维生素E能调节细胞核的代谢功能，促进性腺发育和提高生殖能力。维生素E具有吸收氧的能力，稳定性不高，经酯化可提高其稳定性。常用的有维生素E乙酸酯。

4. 维生素K

维生素K又称抗出血维生素，是一类甲萘醌衍生物。维生素K能促进合成凝血酶原，达到正常凝血。维生素K有维生素K_1、维生素K_2、维生素K_3和维生素K_4等，饲料添加剂多使用维生素K_3，一般维生素商品多采用维生素 K_3 与亚硫酸氢钠的结合物，即亚硫酸氢钠甲萘醌。

5. 维生素 B_1

维生素 B_1 又称硫胺素，也称抗神经炎素，在体内可促进糖类和脂肪的代谢。维生素 B_1 主要以盐的形式存在，一般以盐酸硫胺素较为常用。

6. 维生素 B_2

维生素 B_2 又称核黄素或卵黄素，在体内参与蛋白质、碳水化合物和核酸的代谢，是体内生化反应多种酶的组成成分。

7. 维生素 B_3

维生素 B_3 通称泛酸，又叫抗皮炎维生素，系辅酶 A 的组成成分，在物质代谢中起着重要作用。饲料添加剂中多使用泛酸钙。

8. 维生素 B_4

维生素 B_4 也称胆碱，是磷脂、乙酰胆碱的组成成分，也是甲基供体，参与氨基酸和脂肪代谢，能防止脂肪肝的产生。饲料添加剂多使用氯化胆碱。

9. 维生素 B_5

维生素 B_5 通称为烟酸或尼克酸，也称烟酰胺或尼克酰胺，是辅酶Ⅰ和辅酶Ⅱ的组成成分，参与氧化还原反应。

10. 维生素 B_6

维生素 B_6 是吡哆醇、吡哆醛和吡哆胺 3 种吡啶衍生物的总称，是氨基酸代谢中的辅酶，参与蛋白质、糖和脂肪的代谢。维生素 B_6 的商品形式多为吡哆醇盐酸盐，饲料添加剂多使用盐酸吡哆醇。

11. 维生素 B_{11}

维生素 B_{11} 也称为叶酸和维生素 M，由蝶酸和谷氨酸结合而成，参与蛋白质和核酸的代谢，可与维生素 B_{12} 和维生素 C 共同促进红细胞、血红蛋白和抗体的形成。

12. 维生素 B_{12}

维生素 B_{12} 也称为氰钴胺素，是一种含有钴原子和氰基团的螯合

物，参与机体蛋白质代谢，提高植物性蛋白质的利用率，也是正常血细胞生成的必需物质。

13. 生物素

又叫维生素 H，是一种辅酶，参与蛋白质、脂肪等的代谢。商品化的生物素为 D- 生物素，饲料添加剂常用的生物素 H-2 为含有 2% 的 D- 生物素。

14. 维生素 C

又叫抗坏血酸。维生素 C 参与糖、蛋白质和矿物质元素的代谢过程，增强机体免疫力，提高消化酶的活性。饲料添加剂常用的维生素 C 为 L- 抗坏血酸及稳定性较好的维生素 C 多聚磷酸酯。

二、微量元素添加剂

微量元素添加剂是指在天然饲料中补充微量元素不足的营养性物质，包括铁、铜、锰、锌、硒、碘、钴。獭兔必需的但生产实际中不能供给的元素是钼、氟、铬。上面提到的所有这些元素一般通过预混料添加到家兔日粮中。构成微量元素添加剂的原料，不是铁元素、铜元素、锰元素等，而是含有这些元素的化合物，例如，硫酸亚铁、硫酸铜等。

微量元素还有一些其他功能。铁是色素和酶的主要组成成分，并参与氧的代谢运输和其他新陈代谢，因此缺铁会由于血红蛋白的形成受损而贫血。铁的建议添加量一般在 30~100 毫克 / 千克。

铜是能量代谢及毛发形成所需复合酶的重要组成成分。铜缺乏症包括生长受阻、毛发灰白、骨畸形和贫血等。建议铜的量在 5~20 毫克 / 千克。由于铜广泛存在于大多数干草中，同时肝脏能储存铜，因此即使喂铜含量低的日粮时獭兔也不会出现缺乏症。但应注意避免饲喂含硫、钼高的青贮料，因为铜钼营养拮抗，而硫能加剧这种对抗。

锰是氨基酸代谢的辅酶，与软骨膜的形成有关。饲料中缺锰使动物骨生长不一致，可导致骨脆或腿弯曲。锰缺乏对獭兔的影响不大，锰的最佳添加范围为 8~15 毫克 / 千克。

锌是许多酶的组成成分，与核酸的生物合成有关，因此在细胞分裂中起重要的作用。锌的添加量在 30~60 毫克 / 千克。

缺硒可造成肌肉、肝衰竭、渗出性素质、繁殖免疫器官受损等疾病。獭兔多依靠维生素 E 而很少用硒分解组织中的氧化物，目前没有详细的指导添加量。

碘是甲状腺激素的重要组成成分，甲状腺激素与能量代谢有密切联系，碘缺乏主要影响甲状腺，日粮缺碘可引起一系列疾病，目前尚无试验确定獭兔对碘的需要量。

家兔能靠钴生成维生素 B_{12}，事实上獭兔后肠内的微生物比其他大多数哺乳动物更有效。家兔生产中即使日粮中维生素 B_{12} 不足也不会出现钴缺乏症，家兔日粮中的钴含量一般规定为 0.25 毫克 / 千克。

三、非营养性添加剂

（一）益生素

益生素是采用农业部认可的动物肠道有益微生物经发酵、纯化、干燥而精制的复合生物制剂，是减少或替代抗生素的理想绿色添加剂。益生素的产品特性有以下几点。

1. 产生有益的代谢产物

益生素在消化道中产生有机酸，如乳酸，它的酸化作用可提高日粮养分利用率，促进动物生长，防止腹泻；产生淀粉酶、蛋白酶、多聚糖酶等碳水化合物分解酶，消除抗营养因子，促进动物的消化吸收，提高饲料利用率；合成维生素、螯合矿物元素，为动物提供必需的营养补充。

2. 抑制有害菌的生长

分泌杀菌物质，抑制动物内致病菌和腐败菌的生长，改善动物微生态环境，提高机体免疫力。

3. 防止有毒物质的积累

动物自身及许多致病菌都会产生有毒物质，如毒性胺、氨、细菌毒素、氨自由基等。益生素中有硝化菌，可阻止毒性胺和氨的合成，可净化动物肠道微生态环境。

4.刺激免疫系统，强化特异性细胞免疫反应

益生素与致病菌有相同或相似的抗原物质，刺激动物产生对致病菌的免疫力。

5.减少动物粪便中的氨的排放量，降低氨气浓度，减少污染

益生素是一类能促进动物生长并维持体内微生物活力的物质，益生素使微生物集中在肠内维持菌群平衡，其中的一些对家兔的生产性能已显示出有利的影响。

（二）酶制剂

酶作为家兔饲料添加剂还没得到广泛的研究，除饲料中的纤维素外，家兔对其他的营养物质利用率都很高。家兔日粮中添加不同酶对生产性能的影响还不确定，但在低水平集约化生产规模下日粮添加酶对家兔确实有利。在目前的生产状况下，还不能够对家兔日粮中外源酶的添加量提出建议。

四、添加剂的合理应用

（一）维生素添加剂的合理使用

维生素虽然需求量较微，但维生素参与机体多种代谢过程，是体内各种生化反应的催化剂。每一种维生素对动物的作用是其他任何物质所不可替代的，动物若缺乏维生素将明显影响生长发育。因此，必须在日常饲料中添加所缺乏的维生素，以供机体需要。

1.维生素饲料标准的确定

我国家兔对各种维生素的需求标准多参照美国 NRC（全国研究理事会）标准。NRC 标准是动物对维生素的最基本需求量，能预防维生素明显缺乏症。一些维生素专业生产厂家制定的动物维生素最佳需要量，指的是使动物获得最佳健康状态和生产性能的添加量。因此在设计和应用维生素添加剂时，应合理地确定维生素的饲养标准。要考虑饲料品种、健康状况、饲养环境、配方成本、贮存时间等多种因素的影响，灵活科学地掌握，尽可能满足獭兔生长发育的最大需求。特别是处于应

激状态的动物，饲料的维生素水平更应提高。

2. 适当超量应用

维生素多数稳定性不高，在饲料的加工和贮存过程中，容易造成损失和效价降低。为了保证动物摄食到足量的维生素，一般都应超量添加，也即是维生素的添加保险系数。由于不同维生素的稳定性不同，其保险系数也不一致。

3. 选择维生素制剂

目前维生素制剂有单项维生素和多种维生素预混剂，应用时可根据实际情况，确定是自己预混多种单项维生素，还是选购多项预混剂。小型生产单位采用多种维生素预混剂较多。由于维生素的检测和品质判断较为复杂，因此应选用信誉较好的专业生产厂家的产品。

4. 注意维生素的有效含量、效价和稳定性

市售的商品维生素多数不是纯品和100%效价维生素，如维生素E含量多数为50%，氯化胆碱为50%，生物素为2%，D-泛酸钙的活性只有50%等。因此选购和应用维生素时，应注意其有效含量和效价，并合理折算。同一种类的维生素不同形式，其稳定性也不同，如维生素A棕榈酸酯比维生素A醇稳定，维生素E乙酸酯比维生素E醇稳定，硝基硫胺素比盐酸硫胺素稳定，维生素C聚磷酸酯比维生素C稳定。因此在实际应用上要尽可能选用稳定型的维生素。

5. 注意胆碱和维生素C的独立添加

由于胆碱和维生素C容易吸湿和破坏其他维生素，所以一般不与别的维生素一起预混，在使用时再独立添加。市售多维制剂也大多不含胆碱和维生素C，如选择和使用多维制剂，应注意在应用时根据饲养标准独立添加适量的胆碱和维生素C。

6. 根据实际情况灵活调整

维生素的饲养标准不应一成不变，而应根据实际配方不同阶段、饲养环境、天气季节等因素灵活调整，以保证獭兔在实际情况下对维生素的需求，保持较好的状态和生产性能。獭兔繁殖期应提高维生素E和生物素的含量，以保持较好的繁殖性能。高温和应激状态应提高多种维生素的水平，特别是维生素C的含量。动物发生相应维生素的缺乏症

状，应提高相应维生素的水平。

7. 必要的稀释和保存

维生素由于用量较少，加之相互之间以及与其他添加剂可能发生反应，破坏效价，因此在应用前最好进行较大倍数的稀释，降低浓度，再与其他添加剂进行预混。特别是与胆碱、微量元素以及酸碱性添加剂预混时，更应做好稀释工作，以保证有较好的混合均匀度和较高的效价。维生素稀释和预混常用的载体是玉米淀粉。维生素制品对光热等外界因素较为敏感，容易失效，因此一般应贮存于低温、密闭、干燥的环境。启封后要尽快使用，保存期一般不宜超过 1 个月。

（二）微量元素添加剂的合理使用

① 微量元素化合物及其活性成分（微量元素）含量及作用。

② 微量元素添加剂的可利用性。作为饲料添加剂的微量元素化合物，必须是动物可以吸收和利用的。

③ 微量元素添加剂的规格要求。饲料级微量元素化合物的含杂物质（主要应查清重金属离子含量），要有明确规定，不仅是为了动物的健康，而且更重要的也是为了社会安全。

④ 长期高剂量使用微量元素添加剂会污染环境，可使用高效有机微量元素、微量元素氨基酸螯合物或缓释微量元素添加剂，减少微量元素的排泄量。

（三）益生素的合理使用

① 用抗生素时停用益生素。

② 益生素添加于饮水中使用时，要对动物饮用水提前一两天进行消毒，应减少消毒剂用量或于饮用前加入益生素。

③ 避免与具有抗生素的饲料一起使用，否则会影响益生素的使用效果。

④ 产品打开包装后应尽快用完，以免产品失效。

第四节　獭兔全价配合饲料的配制技术

一、饲料配合的意义

饲料配方技术是配制饲料的核心技术之一，饲料配方的水平决定饲料的质量，关系到养獭兔的效益。随着獭兔的营养学、计算科学、生物化学、微生物学和獭兔的饲养学的发展，饲料配方也在不断地发展和变化，使配制的饲料营养更全面和平衡，所配制的饲料综合成本更低，获得的经济效益更好。

（一）饲料配方设计的概念

应用一定的计算方法，根据饲料原料的营养成分和价值，以及配方的规格、要求，计算出配方中各原料比例的一种运算过程。

（二）配方的规格

主要指配方的适口性、经济性、营养性和加工特性等。

（三）设计配方的方法

手工和电脑配方软件等多种方法，可依自己条件进行选择。

以单一饲料或简单几种饲料混合喂兔，不能满足獭兔的营养需要，饲料营养不平衡，因此影响獭兔的生产性能。因为任何一种饲料都不可能满足獭兔不同生理阶段对各种营养物质的需要，而只有多种不同营养特点的饲料相互搭配，取长补短，才能满足獭兔的营养需要，克服单一饲料营养不全面的缺陷。

配合饲料就是根据不同品种、生理阶段、生产目的和生产水平等对营养的需要，及各种饲料的有效成分含量把多种饲料按照科学配方配制而成的全价饲料。利用配合饲料喂獭兔，能最大限度地发挥兔子的生产潜力，提高饲料利用率，降低成本，提高效率。需要指出的是，虽然獭兔的全价饲料具有营养需要量和饲料营养价值表的科学依据，但是这两

方面都在不断研究和完善过程中。因此，应用现有的资料配制的全价饲料应通过实践检验，根据实际饲养效果因地制宜地作些修正。

二、日粮配合的一般原则

（一）科学性和先进性

饲料配方要反映现代养兔的营养、饲养管理、饲料原料等方面最先进的、成熟的技术，结合现有的原材料、自己具有的生产设备、生产工艺和养兔的实际情况来进行，保证所配制饲料的营养全价性。

（二）经济性

獭兔是草食动物，可大量使用青粗饲料，充分利用农作物秸秆及加工副产物，配合日粮时，应以青粗饲料为主，再补充精料等其他饲料，尽量做到就地取材，选用当地来源广泛、营养丰富、价格低廉的饲料配制日粮，以降低生产成本。

（三）灵活性

要根据獭兔的品种、性别、生理阶段，参照营养标准及饲料成分表进行配制，不可照搬饲养标准，也不可千篇一律让所有的兔子都吃一种料。仔兔、幼兔、母兔空怀期、妊娠期及泌乳期等阶段的饲料应有所区别。同一品种和同一生产阶段，不同生产性能的兔子的饲料也应有所不同。设计配方要根据季节和天气情况而灵活掌握。在农村，夏秋季节青饲料可以供应，只要设计精料补充料即可，而在冬春季节，青饲料缺乏，在配方设计时，应增补维生素，并适当补喂多汁饲料。在多雨季节应适当增加干料，在季节交替时，饲料应逐渐过渡等。

（四）适口性

一组营养较全面而适口性不佳的饲料，也不能说是好饲料。因为适口性的好坏直接影响到獭兔的采食量。适口性好的饲料獭兔就爱吃，就可提高饲养效果；如果适口性不好，即使饲料的营养价值很高，也会降低其饲养效果。因此，在设计配方时，应熟悉獭兔的嗜好，选用合适的饲料原料。一般而言，獭兔喜吃味甜、微酸、微辣、多汁、香脆的植物性饲料；不爱吃有腥味、干粉状和有其他异味（如霉味）的饲料。

（五）多样性和廉价性

獭兔对营养的需求是多方面的，任何一种饲料都不可能满足獭兔的需要。而应该尽量选用多种饲料合理搭配，以实现营养的互补，一般不应少于3~5种，选择饲料种类要立足当地资源。在保证营养全价的前提下，尽量选择那些当地产品、数量大、来源广、容易获得、成本低的饲料种类。要特别注意开发当地的饲料资源，如各种农副产品及下脚料（农作物秸秆、酒糟、药渣等）。

（六）稳定性

配合日粮要考虑饲料的来源，易于采购、量相对较大，能满足生产需要，对于稳定性极强的饲料原料要收购存贮好，保证满足生产的需要，以保证配合日粮的相对稳定。

（七）安全合法性

选择任何饲料，都应对獭兔无毒无害，符合安全性原则及国家关于无公害养殖对于饲料原料的要求。青饲料及果树叶要防止农药污染；有毒饼类如菜籽饼等要脱毒处理，在未脱毒或脱毒不彻底的情况下，要限量使用；块根块茎类饲料应无腐烂；其他精料如玉米、麸皮等应避免受潮发霉；选用药渣如土霉素渣、四环素渣等要保证质量，并限量使用，一般在育肥后期停用。配好的日粮的营养水平要与选用的饲养标准基本符合，允许误差为 ±（1%~5%）。

三、配制步骤

（一）配制程序

配方设计的基本步骤首先是选择獭兔的营养需要标准；其次是选择

所用原料，调整原料的价格和营养含量；最后是优化计算。

1. 确定饲料原料种类

根据饲料资源、库存情况、市场行情、动物种类和不同的生理阶段、不同的生产目的和生产水平，来确定采用哪些种类饲料。

2. 确定营养指标

主要根据獭兔不同生理阶段来确定要计算哪些营养指标及其要求量（或限制量）。有的指标有上下限约束，有的要限制上限，有的要限定下限。每种营养指标值确定的主要根据：一是正式公布的饲养标准；二是本地、本场的长期生产经验的数据；三是制定配方者的理论知识和实践经验的结合，绝对不能无根据地确定。

3. 查营养成分表

根据所确定的饲料及营养指标，查阅饲料营养成分表。营养成分因地因时、因分析手段不同而有差别，因此最好采用自己分析的数据，其次查阅本地区、全国以至国外的饲料营养成分表。

4. 确定饲料用量范围

主要根据饲料的来源、库存、价格、适口性、消化性、营养特点、有毒性、动物种类、生理阶段、生产目的和生产水平等。

5. 查实饲料原料价格

按原料收购价或市场价，即能购到的实际价格。

6. 按照采取的计算饲料配方方法进行计算

计算饲料配方的方法：交叉法、联立方程法、试差法和使用电子计算机优选配方。

（1）交叉法　又称方形法、对角线法等，是由两种饲料配制某一养分符合要求的混合饲料。经连续多次运算，也可由多种饲料配合两种以上养分符合要求的混合饲料。

（2）联立方程法　利用数学上联立方程求解法来计算饲料配方，条理清晰，方法简单，但计算较复杂。

（3）试差法　又称为凑数法，是根据经验初步拟出一个配方，然后计算其营养价值，将结果与饲养标准比较。当营养含量与标准偏差过大时，调整配方后再计算、比较，通过多次反复，直到各营养成分的数值与饲养标准都很接近。

（4）计算机配方　利用电脑的饲料配方软件，计算出既满足獭兔的各种营养需要，又具有较低成本的饲料配方。

（二）獭兔参考饲料配方（表5-10）

表5-10　獭兔参考配方及营养成分

日粮组成	比例（%）		
	仔幼兔	生长兔	泌乳母兔
葡萄糖	0	0	3
玉米	22	18	20
豆粕	17	12	18
小麦麸	23	25	18
酵母	1	0	3
玉米加浆麸	0	0	5
苜蓿草粉	30	30	16
统糠	5	10	15
菜籽粕	0	3	0
磷酸氢钙	0.5	0.5	0.6
石粉	1	1	0.7
赖氨酸	0.15	0.1	0.1
蛋氨酸	0.2	0.2	0.1
添加剂	0.5	0.5	0.5
营养成分			
消化能 DE（兆焦/千克）	10.51	9.92	10.37
水分	11.2	11.1	11.30
粗蛋白质	18.14	16.73	16.98
粗纤维	14.16	16.27	13.96
钙	1.00	1.01	1.18
磷	0.62	0.68	0.59

续表

日粮组成	比例（%）		
	仔幼兔	生长兔	泌乳母兔
蛋 + 胱氨酸	0.73	0.70	0.68
赖氨酸	1.01	0.92	0.94

四、饲料加工注意事项

（一）原料粉粒的大小

将各种饲料原料粉碎至最适合动物利用的粒度，使配合饲料产品能够获得最佳的饲养效率和经济效益，兔用颗粒饲料所用的原料粉粒过大会影响獭兔的消化吸收，过小易引起肠炎。一般粉粒直径以 1~2 毫米为宜。其中添加剂的粒度以 0.18~0.60 毫米为宜，这样才有助于搅拌均匀和消化吸收。

（二）粗纤维含量

颗粒料所含的粗纤维以 12%~14% 为宜。

（三）水分含量

为防止颗粒饲料发霉，水分应控制在北方低于 14%，南方低于 12.5%。由于食盐具有吸水作用，在颗粒料中，其用量以不超过 0.5% 为宜。另外，在颗粒料中还加入 1% 的防霉剂（丙酸钙），0.01%~0.05% 的抗氧化剂（丁基化羟甲苯或丁基化羟基氧基苯）。

（四）配料准确度的控制

使每一种配料组分的配料量在每次配料中都能实现精确控制。对微量添加剂可进行预配预混并使用高精度微量配料系统，这包括配合饲料、添加剂预混合饲料、液体饲料的混合均匀度控制技术。选择恰当的混合机和适宜的混合时间与方法是保证混合质量的关键。

（五）制粒质量控制

首先是要控制调质质量，即控制调质的温度、时间、水分添加和淀粉的糊化度，使调质后的状态最适合制粒；其次是要控制硬颗粒饲料粉化率、冷却温度和水分、颗粒的均匀性、一致性、耐水性。要实现这些要求，必须配备合理的蒸汽供气与控制系统和调质、制粒、冷却、筛分设备，并根据产品的不同在制粒过程中，由于压制作用使饲料温度提高，或在压制前蒸汽加温，使饲料处于高温下的时间过长。高温对饲料中的粗纤维、淀粉有些好的影响，但对维生素、活菌类微生态制剂、抗生素、合成氨基酸等不耐热的养分则有不利的影响。因此，在颗粒饲料的配方中应适当增加那些不耐高温养分的比例，以便弥补遭受损失的部分，或者选用具有包膜保护的产品。制成的颗粒直径应为3~6毫米长，5~10毫米规格的颗粒饲料喂獭兔收效最好。

第五节　獭兔全价配合饲料的安全使用与贮存

一、安全使用

獭兔饲料分母兔料、幼兔料、成兔料等，每种饲料只能饲喂规定阶段的生产兔，不能所有兔使用同一饲料饲养，必须采用分段饲养，掌握好正确的饲养方法，饲料的优越性就容易表现出来。优秀的兔饲料可以采用自由采食的方式饲喂，有些饲料不能采用此法，饲料的特性要在饲养过程中摸索，掌握最佳的饲养投料方法。

二、安全贮存

（一）原料的贮存

1. 动物蛋白质类饲料

动物蛋白质饲料如蚕蛹、肉骨粉、鱼粉、骨粉等在贮存过程中如果

管理不善极易污染细菌和寄生虫，进而影响獭兔饲料品质和营养效果。这类饲料用量不大，一般可采用塑料袋贮存。为防止受潮发生热霉变，用塑料袋装好后封严，放置干燥、通风的地方。保存期间要勤加检查，对发热现象要早发现、早处理，以规避不应有的损失。

2. 饼粕类饲料

饼粕类饲料包括菜籽饼、花生饼、糠饼等，饼粕富含蛋白质、脂肪等，表层无自然保护层，因此易发霉变质，耐贮性差。大量饼状饲料贮存时，一般采用堆垛方法。堆垛时，先平整地面，并铺一层油毡，也可垫20厘米厚的干沙防潮。饼垛应堆成透风花墙式，每块饼相隔20厘米，第2层错开茬位，再按第1层摆放的方法堆码，堆码一般不超过20层。刚出厂的饼粕水分含量高于5%，堆垛时要堆1层油饼铺垫1层隔物，如干高粱秸或干稻草等，也可每隔1层加1层隔物，以通风、干燥、散湿、吸潮。饼类饲料因精加工后耐贮性下降，因此生产中要实行随即粉碎随即使用。

（二）配合饲料的贮存

1. 水分和湿度的控制

配合饲料贮存中的水分一般要求在12%以下，如果将水分控制在10%以下，即水分活度不大于0.6，则任何微生物都不能生长。配合獭兔饲料的水分大于12%，或空气中湿度大，配合饲料在贮存期间必须保持干燥，包装要用双层袋，内用不透气的塑料袋，外用编织袋包装。注意贮存环境特别是仓库要经常保持通风、干燥。

2. 温度的控制

温度对贮藏饲料的影响较大，温度低于10℃时，霉菌生长缓慢，高于30℃则生长迅速，使饲料质量迅速变坏，獭兔饲料中不饱和脂肪酸在温度高、湿度大的情况下，也容易氧化变质。因此配合饲料应贮于低温通风处。库房应具有防热性能，防止日光辐射热量透入，仓顶要加刷隔热层；墙壁涂成白色，以减少吸热。仓库周围可种树遮阴，以改善外部环境，调节室内小气候，确保贮藏安全。

3.虫害、鼠害的预防

配合饲料在贮存中如发生虫害，不仅会造成饲料的损失，同时其产生的粪便会造成獭兔饲料品质大幅下降。而贮存中影响害虫的繁殖的主要因素是温度、相对湿度和饲料含水量。一般贮粮害虫的适宜生长温度为26~27℃，相对湿度为10%~50%，低于17%时，其繁殖即受到制约。一般蛾类吃食饲料表层，甲虫类则全层为害。在适宜温度下，害虫大量繁殖，消耗饲料和氧气，产生二氧化碳和水，同时放出热量，在害虫集中区域温度可达45℃，所产生之水气凝集于獭兔饲料表层，而使饲料结块、生霉，导致混合饲料严重变质。如果温度过高，还可能导致自燃。鼠类啃吃饲料，破坏仓房，传染病菌，污染饲料，是危害较大的一类动物。为避免虫害和鼠害，在贮藏饲料前，应彻底清除仓库内壁、夹缝及死角，堵塞墙角漏洞，并进行密封熏蒸处理，以有效地防控虫害和鼠害，最大限度地减少其造成的损失。

（三）不同品种配合饲料的贮存

1.全价颗粒饲料

全价颗粒饲料因用蒸汽调制或加水挤压而成，大量的有害微生物和害虫被杀死，且间隙大、含水量低，糊化淀粉包住维生素，故贮藏性能较好，只要防潮、通风、避光贮藏，短期内不会霉变。但全价颗粒獭兔饲料的缺点是表面积大，孔隙度小，导热性差，容易返潮，脂肪和维生素接触空气多，易被氧化和受到光的破坏，因此，要注意贮存期不能太长。

2.浓缩饲料

浓缩饲料含蛋白质、微量元素和维生素，导热性差，易吸湿，微生物和害虫容易滋生繁殖，维生素也易被光、热、氧等因素破坏失效。浓缩料中应加入防霉剂和抗氧化剂，以增加耐贮存性。一般贮存3~4周，就要及时销售或在安全期内使用。

第六章

兔病防治基础知识

第一节　兔病与药物对獭兔生产的影响

一、兔病的影响

随着我国集体养兔事业的不断扩大，獭兔的健康生长尤为重要。为了保障兔群的发展，兔病防治在兔子生长过程中占据重要地位。兔病在獭兔安全生产中影响着兔子的健康生长，主要表现为影响生长速度、成活率、出栏率、种兔的配怀率、产仔率、产活仔数等。在养殖中，首先就是要做到正确的诊断疾病；其次就是正确、合理、有效地给药治疗。诊断獭兔疾病，一般是首先调查和了解发病的原因，然后对病兔进行详细客观的检查，以便搜集到全面的症状、材料，从而得到感性认识。在此基础上，将所得到的症状、材料，加以综合、分析、推断和判断，这样才能使最后做出的诊断愈来愈完善、准确与合理。

二、药物的影响

药物的使用是保证獭兔健康和福利的基础，使用抗生素缓解疼痛和减轻疾病所带来的痛苦。对食用动物使用可靠的药物以控制疾病威胁，才能保证獭兔的生产利润。

药物在兔子疾病中的应用，必须遵循安全、合理、有效的用药原则。不正确有效的用药，会给兔子带来不同程度的不良反应。药品不良反应主要是指合格药品在预防、诊断、治疗或调节生理功能的正常用法用量下出现的有害的和意料之外的反应。它不包括无意或故意超剂量用药引起的反应，以及用药不当引起的反应。常见的不良反应有以下几种。

1. 副作用

是药品在规定常用剂量使用时出现的与防病治病目的无关的作用。

2. 过敏反应

过敏反应是指少数具有特异体质的动物对某些药物产生的异常反应。

3. 继发感染（或二重感染）

主要表现在长期、大剂量使用广谱抗菌药，敏感的细菌被杀灭了，不敏感的细菌、真菌大量繁殖，从而引起新感染。

4. 毒性作用

药物在常用剂量时，不会产生毒性反应，只有在过量、过久使用方可产生。

5. 致畸作用

不少药物对患病兔子的影响已被肯定，对怀孕母兔必须慎用药物。

第二节　獭兔的保健与卫生防疫

一、獭兔的健康检查

獭兔的健康检查是为了及时发现病兔并尽早治疗，减少疫病的传播和损失，饲管人员必须掌握獭兔的健康检查技术。所谓健康检查，不是兔病诊断，而是根据多数疾病都有一定的前期征兆或临床症状，通过对獭兔的体态、食欲、粪尿排泄、体温、呼吸次数等生理状况的异常来观察，识别獭兔的健康与疾病状态的方法。

（一）食欲

健康獭兔的食欲旺盛，在采用定时定量的饲喂方法条件下，最易观

察。一般 15 分钟左右，兔便可吃完每次给的精饲料。如果添料时，兔不靠近饲槽，不跑动，想吃不吃或吃得很少，就是獭兔出现减食或停食现象。除发情母兔或饲粮有变质外，都表明该兔已有病。

（二）饮水

成年兔在采食颗粒饲料的条件下，日饮水量为 300~450 毫升，但随气温升高或哺乳而增加。若突然发现獭兔水量大增，多是獭兔体温升高的反映；食盐中毒也会发生此种现象。

（三）粪便排泄

健康獭兔的粪粒呈椭圆形，表面光滑，有弹性。排粪主要在白昼，尤其是在进食后，成年兔日排粪 30 余次，约 100 克。如粪便颗粒变小变尖，干硬无弹性，数量减少，是便结，若长达 10 小时以上无粪，即可发生便秘。相反，兔粪变稀软，呈串、呈条状，有明显的酸臭味，多为"伤食"。无论是便结、便秘或粪便变软、变形都是消化道疾患的预兆，逐渐发展为肠炎。

（四）黏膜

从口、鼻、眼、肛门、阴户等可视黏膜中，检查眼结膜较为方便。健康獭兔眼黏膜呈粉红色，眼角膜光滑透明，炯炯有神。如眼结膜出现发红、苍白、发疳或流泪，有眼屎等现象，均表明该兔有病。

（五）被毛

健康獭兔被毛油光、滑顺。而被毛蓬松、直立，发焦无光泽，脊柱骨弯突，为营养缺乏或患慢性病的征兆。

（六）姿态与运动

獭兔走动时臀部抬起，轻快敏捷；天气热时躺卧，呈侧卧或伏卧状，四肢伸直。若有神经疾患或器官机能障碍时，会发生跛行或反常站立，伏卧，行走重心前移，摇头，扭颈等异常姿势。

（七）体温与呼吸

獭兔正常的体温为 38.5~39.5℃，炎热夏天体温可达 40℃。检查体温除用体温表测肛门内温度外，可通过观察耳色、触摸耳温更简便。白色健康獭兔耳呈粉红色，耳发红或手握之发烫，是"发烧"的反映。而耳发青、发凉则是病重、体温下降的反映。成年獭兔的呼吸次数为 40~60 次 / 分钟。在未受惊的情况下，呼吸加快甚至张口喘气，往往体温升高，脉搏加快，是呼吸系统病的表现。

饲养人员应坚持每日扫除前，按上述方法细微观察，发现病兔及时报告，及时隔离。

二、獭兔的卫生防疫

（一）疫病的传染途径

1. 消化道

俗话说"病从口入"。多数的传染病和寄生虫病是由于饲料、饮水和用具被病兔粪便或尸体及其分泌物、排泌物等污染，通过消化道而引起感染，如巴氏杆菌病、大肠杆菌病，魏氏梭菌病、兔球虫病等。

2. 呼吸道

病兔通过呼吸、咳嗽，打喷嚏、鼻液将病毒和病原微生物散布于空气中，而健康兔吸入后而感染得病，如兔瘟、巴氏杆菌病、波氏杆菌病等。

3. 伤口

有的病原菌长期存在于自然界，能通过獭兔的皮肤或黏膜的伤口而感染得病。如毛癣、葡萄球菌、坏死杆菌、疥癣等。有的疫病通过带有病原微生物的吸血昆虫，如蚊子、蝇、虱等的叮咬，而使健康獭兔感染得病。

4. 交配

在健康獭兔和患病獭兔交配后而直接感染得病，如螺旋体病，布氏杆菌病等。

5. 其他

在疫病的传播方面，被传染病和寄生虫病污染的用具，如饲具、扫帚、车辆，兔笼等都是主要的传染媒介。鼠类、野兽和吸血昆虫以及人员来往也能传播疫病。

（二）日常的卫生工作

1. 笼舍清洁卫生

兔舍要保持适宜的温度、湿度，使空气新鲜干燥，冬天应保暖良好，夏天通风凉爽。经常保持舍、笼、产仔箱、食槽的清洁卫生，每天清除粪便和污物。

2. 消灭蚊蝇鼠

消灭蚊、蝇、鼠是防疫卫生的重要环节。蚊、蝇是多种寄生虫或病原微生物的中间宿主或机械的传染媒介。鼠类常是一些病原微生物的宿主和携带者。他们在偷吃饲料时，其排泄物污染饲料、用具和水源，因而传播疫病。为此，要定期进行兔舍周围垃圾和污物的扫除和消毒。粪便、污物应经过生物发酵消毒后才能作肥料。

（三）建立卫生防疫制度

① 全面认真贯彻《中华人民共和国动物防疫法》，让兔场的管理人员、饲养人员人人皆知。

② 在兔场及不同兔舍间，设立药物消毒池或紫外线消毒室，进出人员、技术人员、管理人员和饲养人员须更换衣服、鞋帽，经消毒方可入内。不准随意进出、串岗。

③ 不准在疫区和发病兔场引种，新购进的种兔，须隔离观察30天，确认无病方可转群混养。商品兔最好自繁自养。病兔严禁出场销售。

④ 保持笼舍清洁、干燥，天天打扫卫生。定期或不定期对笼具、兔舍进行清洁消毒。每月进行1次全场大消毒。

⑤ 制定兔瘟、兔球虫病、兔疥癣病、巴氏杆菌病的预防注射或药物防治制度（免疫程序）。

⑥ 建立饲料、饲草及饮水卫生监测制度，禁止使用发霉、酸败、变质的饲草饲料喂兔。

⑦ 兔场一般应谢绝外人入舍参观，禁止其他畜禽和猫、狗入舍。

⑧ 坚决执行将病兔隔离、患恶性传染病的病兔淘汰、死兔焚烧或深埋的制度，兔粪尿须经堆积发酵或沼气无害化处理方可出场作肥料使用。

三、獭兔的免疫保健程序

为了预防獭兔的传染病和非传染病，任何一个养兔场，都在加强平常的预防工作。传染病应定期接种疫苗，如兔瘟、兔巴氏杆菌病可在仔兔断奶时注射兔瘟、巴氏杆菌二联疫菌苗。寄生虫病应定期进行预防驱虫，如对兔疥癣病、球虫病等定期检查，定时进行药物驱虫。

獭兔场主要传染病的免疫程序见表6-1。

表6-1　主要传染病的免疫程序

疫病种类		疫（菌）苗种类	兔类型	防疫方法
免疫接种	兔瘟	兔瘟疫苗	仔兔	断奶，皮下注射2毫升/只，60日龄加强1次，以后每6个月1次
			种兔	皮下注射2毫升/只，每6个月注射1次
	巴氏杆菌病	巴氏杆菌苗	仔兔	断奶，皮下注射2毫升/只，以后每6个月1次
			种兔	皮下注射2毫升/只，以后每6个月1次
	葡萄球菌病	金色葡萄球菌	种兔	皮下注射2毫升/只，以后每6个月1次
	魏氏梭菌病	A型魏氏梭菌苗	仔兔	断奶，皮下注射2毫升/只，以后每6个月一次
			种兔	皮下注射2毫升/只，每6个月1次
	波氏杆菌病	波氏杆菌苗	仔兔	断奶，皮下注射2毫升/只，以后每6个月1次
			种兔	皮下注射2毫升/只，每半年1次
	大肠杆菌病	大肠杆菌多价苗	仔兔	25日龄首免，断奶后加强1次，每次皮下注射2毫升/只

续表

疫病种类		疫（菌）苗种类	兔类型	防疫方法
药物预防	球虫病		仔幼兔	每吨饲料拌 150~200 克氯苯胍精粉或 1~2 克地克珠利，从 18 日龄开始，连防 45 天
			种兔	每年春末夏初一次，用量用法同上，连防 15 天
	疥螨病		各类型兔	每季度，皮下注射伊维菌素按体重 0.02 毫升 / 千克，或用 0.05% 的螨净涂搽四爪和兔耳

免疫提示如下。

灵活运用獭兔免疫程序。除兔瘟、巴氏杆菌病、球虫病、种兔必须预防外，其他疫病应视本场实情而定；兔场使用多种疫苗接种时，应考虑主次：首先应选择兔瘟、巴氏杆菌病、葡萄球菌，再是其他疫病，注射每种疫苗间隔时间以 7 天为宜；严格按疫苗使用说明，进行贮藏和使用，一经开瓶，应在当天内用完。疫苗使用前，应严格检查质量，有下列情况之一者禁用。

① 标签未注明生物药品生产许可证号的疫苗；

② 过期疫苗；

③ 包装字迹模糊，无标签、有效期、生产日期等；

④ 内有色泽、沉淀变化、异物或发霉；

⑤ 疫苗瓶破裂、瓶塞松动。

四、兔场消毒制度

（一）做好獭兔场（户）日常防疫

进入兔场大门侧，设立消毒通道，每幢兔舍门口应设消毒池，每 3~5 天更换一次消毒液。兔舍每天清扫一次粪便，冲洗一次粪沟，打扫一次卫生。同时，保证兔舍冬暖夏凉，通风良好。一切人员入兔舍前要穿好工作服、戴好工作帽和鞋套（工作鞋），经消毒通道紫外线消毒、消毒药水洗手后，方能入舍。非饲养人员未经许可不得进入兔舍。严禁兔皮（肉）商贩进入场区。严禁参观。兔粪应堆积发酵，严禁直接用于兔场种植青饲料肥料。病死兔应集中深埋或焚烧，严禁乱丢乱扔、取皮或食用。场内工作人员严禁串用器械等用具、严禁串串。兔舍及兔场周边定期消毒。冬天每月消毒一次，夏天每半月消毒一次。兔场严禁养狗、鸡、猫等动物，定期灭鼠、灭蚊、灭蝇。发现病兔及时隔离，并报告兽医诊治。不喂腐烂、变质、发酵、霜冻、有毒草料及露水草等，保持饮水清洁。加强獭兔饲养管理，严格按饲养规程操作，提供营养丰富的饲草料，增强兔群的抵抗力。定时做好兔群免疫接种和药物预防。引入种兔应隔离观察 30 天，确认健康无病后并群。

（二）常用消毒方法

消毒就是迅速消除和杀灭病原微生物。消毒既是预防措施，又是扑灭措施，是保障兔群健康的主要手段和环节。

1. 清扫洗刷

这是最基本的消毒方法。及时清扫排除粪尿、污物，洗刷笼具等，可大量清除病原微生物及其赖以生长繁殖的物质基础，并提高其他消毒方法的效果。

2. 日光暴晒

阳光中的紫外线对不少病菌具有良好的杀灭作用。兔用产仔箱、笼底板等用具经暴晒 2~3 小时，可杀灭大部分普通病细菌。这是一种最廉价的消毒方法。

3. 火焰燎烤

火焰，尤其是喷灯火焰，温度可达 400~600℃，对病菌、虫卵和病毒均有极强的杀灭作用。主要用于砖、石、金属制兔笼和部分笼具的消毒，但要注意防火。

4. 蒸煮

经 30 分钟蒸煮，其热力不仅对物体表面，还可渗透进去杀死一般的病原微生物。该方法可用于医疗器械、食槽、饮水器和部分用具和工作服的消毒。

5. 化学药物

选用合适的消毒药，采用喷洒、洗涤、浸泡、熏蒸等方法，分别用于兔舍、墙面、地面、笼具、排泄的粪尿污物、舍内空气，甚至兔体的消毒，可达到不同的消毒目的。

（三）常用消毒药

1. 笼舍消毒剂

有 10%~20% 生石灰乳剂、2%~4% 烧碱溶液、5% 漂白粉溶液、2%~3% 来苏儿、0.5% 乙氧乙酸溶液和甲醛等，用于墙壁、地板、笼、笼底板、产仔箱、运输器具等的消毒。

2. 适用于獭兔皮肤、伤口的消毒药

有 70% 的酒精、2%~3% 碘酒、0.1%~0.5% 高锰酸钾溶液。前两者对细菌、病毒、芽孢菌、真菌和原虫具有强大杀灭作用，主要用于四肢、伤口的消毒；后者主要用于冲洗黏膜、创口和化脓病灶，有消毒和收敛作用。

3. 新型高效消毒药

0.59% 菌毒敌是一种广谱、高效、低毒、无腐蚀性的灭菌药。0.02% 百毒杀是一种高效、广谱杀菌剂，主要用于笼舍及附属设施、用具、环境的消毒。消毒灵对人畜无害、无刺激和腐蚀性，使用方便，耐储运，对细菌和病毒均有高效杀灭作用，适宜于兔笼、食槽、运输器具和兔体表的消毒。

常用消毒药用途和用法见表 6-2。

表 6-2　常用消毒药物

药物名称	制剂规格	用法与用途
来苏儿（煤酚皂溶液）	含 50% 煤酚	2% 水溶液用于手及体表消毒；5% 溶液用于兔舍、用具、环境消毒
复合酚（毒菌净、菌毒敌、农乐）	黑褐液体	0.5%~1% 用于被病毒、细菌、霉菌等污染的兔舍、笼具、场地的消毒

续表

药物名称	制剂规格	用法与用途
农福	溶液	1%~3% 水溶液用于兔舍喷洒消毒；1.7%用于用具洗涤消毒
福尔马林（甲醛溶液）	含甲醛40%	5%用于喷洒消毒，10%用于固定病料；熏蒸消毒，按每立方米福尔马林15~20毫升，加水 20 毫升，在火上加热蒸发（或加入高锰酸钾 12 克使之蒸发），密闭门窗 10 小时，当其挥发后方可将兔放入兔舍
草木灰水	水浸液	20%~30% 水溶液消毒兔舍、地面
石灰乳	10%~20% 乳剂	10%~20% 石灰乳消毒兔舍地面，也可用干粉铺撒地面
烧碱	含 94% 氢氧化钠	2% 水溶液喷洒消毒兔舍，消毒笼具 12 小时后用水冲洗
漂白粉	粉剂	5%用于兔舍、排泄物消毒，也可用干燥粉末撒布消毒；饮水消毒，每千克水加入 0.3~1.5 克漂白粉
过氧乙酸	20%，40%	0.05%~0.5% 水溶液用于兔舍、食槽的消毒；熏蒸消毒按 1~3 克 / 米^3，稀释为3%消毒时不宜用金属容器，同时人、獭兔均不宜留在室内，消毒人员应作好防护措施
新洁尔灭	1%，5%，10%	0.01%~0.05% 水溶液用于黏膜消毒，0.1%用于皮肤消毒（手要浸泡 5 分钟），手术器械和玻璃搪瓷等器具的消毒（浸泡半小时以上）
洗必泰	白色晶体状	0.05% 水溶液用于创面冲洗消毒，0.02% 水溶液用于洗手
消毒宁	白色或微黄色片状结晶	0.02% 水溶液用于局部创伤感染湿敷；0.5% 水溶液用于皮肤、黏膜消毒；0.05% 水溶液用于器械消毒（加亚硝酸钠 0.5%，以防生锈）；0.5% 溶液用于兔笼带兔消毒
百毒杀	无色无味液体	0.005%~0.01% 水溶液用于食具、水槽及饮水消毒；0.03%用于用具和环境消毒；0.05%用于兔笼、兔舍常规消毒

续表

药物名称	制剂规格	用法与用途
乙醇（酒精）	95% 乙醇	用作注射部位、器械和手的消毒，能使细菌蛋白质迅速脱水和凝固，呈现一定的抗菌作用。75% 溶液用于术前皮肤消毒
碘酊	2%	外用，有很强的杀菌作用，也能杀死芽孢。用于脓肿等手术前消毒及化脓创治疗
碘甘油	3%	皮肤和伤口外用消毒。治疗口腔内炎症
高锰酸钾	结晶粉剂	黏膜、皮肤、伤口外用消毒，0.1%~0.5% 溶液用于冲洗各种黏膜腔道和创伤
硼酸	2%	2% 溶液用于眼炎、鼻炎、乳房炎、脚皮炎、皮肤脓肿等冲洗

第三节　獭兔生产的药物使用与控制

一、用药方法

根据病情、药物的性质及獭兔个体的大小等，给药途径可分为口服给药、注射给药、灌肠和局部给药等。

1. 口服给药（图 6-1）

优点是：操作简便，经济安全，适用于多种药物，尤其是治疗消化道疾病的药物。缺点是药物易受胃肠内微环境的影响，药效较慢，药物吸收不完全。

2. 注射给药

优点是：具有吸收快、显效快、药量准、安全、节省药物等特点，但必须严格消毒。常用的注射给药方法有皮下注射、肌内注射、静脉注射、腹腔内注射（图 6-2 至图 6-5）。

图 6-1　口服给药

图6-2 颈部皮下注射

图6-3 肌内注射

3.灌肠给药

獭兔发生便秘、毛球病等，有时口服给药效果不好，可进行灌肠。方法是，一人将兔蹲卧在桌上保定，提起尾巴，露出肛门。另一人将橡皮管或人用导尿管涂上凡士林或液体石蜡后，将导管缓缓自肛门插入，深度7~10厘米。最后将盛有药液的注射器与导管连接，即可灌注药液。灌注后使导管在肛门内停留3分钟左右，然后拔出。药液温度应接近兔体温。

图6-4 耳静脉注射

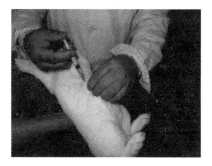
图6-5 腹腔内注射

4.局部给药

为治疗局部疾患，常将药物施于患部皮肤和黏膜，以发挥局部治疗作用。局部用药应防止吸收引起中毒，尤其当施药面积大时，应特别注意用药浓度及用量。

（1）点眼　适用于结膜炎症，可将药液滴入眼结膜囊内。方法是右手拇指及食指控住内眼角处的下眼睑，提起上眼睑，将药液滴入眼睑与眼球间的囊内，每次滴入 2~3 滴。如为眼膏，则将药物挤入囊内。眼药水滴入后不要立即松开右手，否则药液会被挤压并经鼻泪管开口而流失。点眼的次数一般每隔 2~4 小时 1 次。

（2）涂擦　用药物的溶液剂和软膏剂涂在皮肤或黏膜上，主要用于皮肤、黏膜的感染及疥癣、毛癣菌等治疗。

（3）洗涤　用药物的溶液冲洗皮肤和黏膜，以治疗局部的创伤、感染，如眼膜炎、鼻腔及口腔黏膜的冲洗、皮肤化脓创的冲洗等。常用的有生理盐水和 0.1% 高锰酸钾溶液等。

二、用药注意事项

（一）合理用药

合理用药是指在用药时必须做到药物选择正确、剂量适当，给药途径适宜，配方用药合理，其目的是充分发挥药物的作用，尽量减少药物对獭兔所产生的毒副作用，从而迅速有效地控制疾病的发展，保护獭兔健康。

明确诊断有的放矢。如普通肠炎或球虫等引起的拉稀，倘若没有做出正确诊断前，便盲目地给予大量的抗生素等，不能治愈。即使是诊断正确，但选药用药不当也会延误病情，也不能治愈。

从整体出发，抓住主要致病因素。该治本（本：中医指产生疾病的根本原因，也就是指造成疾病的主要矛盾）时，不能单纯防标（标：中医泛指疾病的临床症状，是指表面现象，由本产生的次要矛盾）。如球虫引起的腹泻，单纯的用止泻药治疗腹泻（治标）无济于事，必须采用球虫药治本。

熟悉药物性能，以便正确地选择药物，确定剂量和给药途径，进行合理配伍。

（二）药物的采购

药物的采购主要考察其生产厂家，一定要选正规生产厂家，并且已获得农业部兽药生产质量管理规范（简称GMP）验收通过企业；产品包装完好，计量准确，生产日期、质量到期时间准确无误。一般有效期为二年，标注的兽药名称、性状等要吻合。

（三）药物的保管与贮存

分类存放：根据剂型进行分类保管。片、散、针剂分类存放；药物贮藏室：温度在10~20℃，相对湿度80%左右；避光，密闭。

（四）药物的配伍禁忌

有些药物在使用中不能配伍，否则会出现沉淀、混浊、降低药效等变化，干扰疗效，甚至起毒性作用。使用中要注意药物的配伍禁忌。

（五）禁用药物清单

农业部农牧发[2002]1号关于《食品动物禁用的兽药及其他化合物清单》见表6-3。

表6-3　食品动物禁用的兽药及其他化合物清单

序号	兽药及其他化合物名称	禁止用途	禁用动物
1	β-兴奋剂类：克仑特罗、沙丁胺醇、西马特罗及其盐、酯及制剂	所有用途	所有食品动物
2	性激素类：己烯雌酚及其盐、酯及制剂	所有用途	所有食品动物
3	具有雌激素样作用的物质：玉米赤霉醇、去甲雄三烯醇酮、醋酸甲孕酮及制剂	所有用途	所有食品动物
4	氯霉素及其盐、酯（包括：琥珀氯霉素）及制剂	所有用途	所有食品动物
5	氨苯砜及制剂	所有用途	所有食品动物
6	硝基呋喃类：呋喃唑酮、呋喃他酮、呋喃苯烯酸钠及制剂	所有用途	所有食品动物

续表

序号	兽药及其他化合物名称	禁止用途	禁用动物
7	硝基化合物：硝基酚钠、硝呋烯腙及制剂	所有用途	所有食品动物
8	催眠、镇静类：安眠酮及制剂	所有用途	所有食品动物
9	林丹（丙体六六六）	杀虫剂	水生食品动物
10	毒杀芬（氯化烯）	杀虫剂、清塘剂	水生食品动物
11	呋喃丹（克百威）	杀虫剂	水生食品动物
12	杀虫脒（克死螨）	杀虫剂	水生食品动物
13	双甲脒杀虫剂	水生食品动物	水生食品动物
14	酒石酸锑钾杀虫剂	水生食品动物	水生食品动物
15	锥虫胂胺	杀虫剂	水生食品动物
16	孔雀石绿	抗菌、杀虫剂	水生食品动物
17	五氯酚酸钠	杀螺剂	水生食品动物
18	各种汞制剂 包括：氯化亚汞（甘汞）、硝酸亚汞、醋酸汞、吡啶基醋酸汞	杀虫剂	动物
19	性激素类：甲基睾丸酮、丙酸睾酮、苯丙酸诺龙、苯甲酸雌二醇及其盐、酯及制剂	促生长	所有食品动物
20	催眠、镇静类：氯丙嗪、地西泮（安定）及其盐、酯及制剂	促生长	所有食品动物
21	硝基咪唑类：甲硝唑、地美硝唑及其盐、酯及制剂	促生长	所有食品动物

三、药物的安全使用

1.药物分类

（1）生物剂类　根据免疫学原理，利用微生物本身或其生长繁殖过程中的产物为基础制成的药品，主要包括供预防传染病用的菌苗、疫苗或内毒素，供治疗或紧急预防用的抗病血清和抗毒素。

（2）化学制剂类　指用于治疗和诊断动物疾病或有目的地调节动物生理机能，促进动物生长、繁殖和生产性能的化学物质，主要有消毒剂、抗生素、磺胺类、氟喹喏酮类、抗真菌类、抗球虫类。

（3）中兽药类　指兽医使用的中药材、中成药等。

2. 给药剂量

（1）用药剂量的确定　不同药物给药剂量不同，同一种药物给药途径不同，剂量不同。药物的剂量通常指防治疾病的用量，用药量过小，疗效不显著，在一定范围内，剂量越大则作用越强，但量过大则会引起中毒甚至死亡。临床用药要做到安全有效，就必须严格掌握药物的剂量范围，用药剂量准确，并按规定的时间和次数用药。对安全范围小的药物，应按规定的用法用量使用，不可随意加大剂量。

（2）用药基本原则　宜早不宜迟。獭兔是一种小家畜，对疾病的抵抗力较弱，受细菌或病毒感染后，一般发病急、病程短。在出现症状后早期用药，治愈率比中后期高2~3倍，特别是对于腹泻病，早期用药的疗效非常高；后期用药，则治愈的可能性较小。

宜足不宜少。选择药物，按规定剂量的最大用量使用，对于磺胺类药物，首次使用加倍剂量。另外，用药的疗程一定要够，不要只用1次或2次就不用了，否则剂量不够或疗程不够使一些病原体在机体内产生耐药性，给下一次治疗带来困难。

宜缓不宜速。在给獭兔口服或静脉注射时，速度不宜太快，口服时太快了容易误入气管，造成异物性肺炎；静脉注射时，如果速度太快了容易造成生命危险，使心脏短时间内缺氧窒息而死。

宜多不宜单。在用药时，最好选用联合用药或复合药物制剂，一般不单独使用某一种药物。因为兔病在临床上常常是并发出现，单一出现一种疾病的现象较少，所以在选择药物时要求副作用小，能产生药效相加的协同作用，使药物配伍后发挥出最佳作用，使疾病在短时间内很快治愈。

3.常用药物及用法（表6-4至表6-9）

表6-4　常用抗生素和其他抗菌药物

药物名称	制剂规格	用法及剂量	防治疾病
青霉素G钾盐	粉针：20万单位/支；40万单位/支；80万单位/支	注射用水或生理盐水溶解，肌内注射，3万~5万单位/千克体重，每天2~3次	葡萄球菌病、乳房炎、子宫炎、李氏杆菌病、呼吸道炎症及梅毒病等
氨苄青霉素钠	粉针：0.5克/支	用法同上，2~5毫克/千克体重	巴氏杆菌病、伪结核病、野兔热、黏液性肠炎等
硫酸链霉素	粉针：0.5克/瓶	肌内注射，20毫克/千克体重，每天2次	传染性鼻炎、巴氏杆菌病、大肠杆菌病等
硫酸卡那霉素	水针：0.5克/毫升	肌内注射，10~20毫克/千克体重，每天2次	巴氏杆菌病、波氏杆菌病、大肠杆菌病、沙门氏杆菌病等
硫酸庆大霉素	水针：4万单位/毫升；8万单位/毫升	肌内注射，0.3万~0.5万单位/千克体重	巴氏杆菌病、沙门氏杆菌病、波氏杆菌病、葡萄球菌病、大肠杆菌病
金霉素	针剂：0.25克/毫升	肌内注射，15毫升/千克体重，每天4次	肠炎、子宫炎、乳房炎等
盐酸四环素	粉针：0.25克/支	用5%葡萄糖溶解静脉注射，40毫克/千克体重，每天1次	大肠杆菌病、沙门氏杆菌病、巴氏杆菌病等
盐酸土霉素（四环素）	片剂：0.25克/片	内服，100~200毫克/只，每天2~3次	大肠杆菌病、沙门氏杆菌病、巴氏杆菌病等
	粉针：0.2克/支；1克/支	静脉或肌内注射，40毫克/千克体重	
强力霉素（脱氧土霉素）	片剂：0.1克/片	内服，3~5毫克/千克体重	葡萄球菌病、波氏杆菌病、沙门氏杆菌病、大肠杆菌病等
	粉针：0.1克/支，0.2克/支	静脉注射，2~4毫克/千克体重	

续表

药物名称	制剂规格	用法及剂量	防治疾病
盐酸金霉素	片剂：0.25克/片	内服 0.1~0.2 克/只，每天 2~3 次	大肠杆菌病、沙门氏杆菌病、巴氏杆菌病等
	粉针：0.25 克/支	用 5% 葡萄糖液溶解，静脉注射 40 毫克/千克体重	
	眼膏	涂敷眼部或患部	
丁胺卡那霉素（阿米卡星）	针剂	肌内注射，10~30 毫克/千克体重，每天 2 次	铜绿假单胞菌等引起的泌尿道、下呼吸道、腹腔、生殖系统等部位感染
头孢菌素（先锋霉素）	粉针：0.25 克/支	内服，40~50 毫克/千克体重，每天 3~4 次	金黄色葡萄球菌、肺炎球菌、大肠杆菌、肺炎等
红霉素（硫氰酸盐）	粉针：0.25 克/支	肌内注射，2~4 毫克/千克体重，每天 1~2 次	金黄色葡萄球菌、链球菌、巴氏杆菌、布氏杆菌等
新胂凡纳明（914）	粉剂：0.15 克/支，0.3 克/支，0.45 克/支，0.6 克/支	用灭菌生理盐水或 5% 葡萄糖液制成 5% 溶液，耳静脉注射，40~60 毫克/千克体重，若配合应用青霉素 G 效果更好。 注意事项：性质不稳定，溶解过程中禁止用力振荡，应缓缓注入静脉，防止漏出血管外	兔螺旋体病

表6-5　磺胺类、呋喃类及其他药物

药物名称	制剂规格	用法及剂量	防治疾病
磺胺嘧啶（SD）	片剂：0.5克	内服，每天2次，首次用量0.2~0.3克/千克体重，维持量0.1~0.15克/千克体重。使用磺胺类药应遵循下列原则：① 严格掌握适应证。对病毒性疾病不宜应用。② 掌握剂量及疗程，首次使用应加倍量，然后间隔一定时间给予维持量，疗程要充足，等急性感染症状消失后，继续用药2~4天。③ 肝脏病、肾功能减退、全身酸中毒应慎用或禁用。④ 急重病例应选用针剂。⑤用药期间充分供水，必要时灌水，以增加尿量，促进排出。⑥ 加等量碳酸氢钠，以防析出结晶损害肾脏。⑦ 忌与酸性药物和含氨苯甲酰基药物（如普鲁卡因、丁卡因等）合用。⑧ 磺胺药只有抑菌作用，治疗期间须加强獭兔饲养管理。不同的磺胺药对病原体的抑制作用有差异，一般抗菌作用依次为：SMM > SMZ > SIZ > SD > SDM > SMD > SM_2 > SDM > SN	巴氏杆菌病、沙门氏杆菌病、伪结核病、波氏杆菌病、大肠杆菌病、李氏杆菌病、葡萄球菌病、魏氏梭菌病、野兔热等
磺胺嘧啶钠注射液	针剂：0.4克/2毫升，1克/5毫升	肌内注射或静脉注射，0.05克/千克体重	同 上
磺胺噻唑（ST）	片剂：0.5克/片，1克/片	内服，每天3次，首次用量0.15~0.2克/千克体重，维持量0.07~0.11克/千克体重	同 上
磺胺二甲嘧啶（SM_2）	片剂：0.5克/片	内服，每天1~2次，首次用量0.1克/千克体重，维持量0.05克/千克体重	同 上
	水针：0.5克/5毫升，1克/10毫升	肌内注射或静脉注射，每天2次，首次量0.1~0.15克/千克体重，维持量0.05~0.07克/千克体重	

续表

药物名称	制剂规格	用法及剂量	防治疾病
磺胺甲基异噁唑（新诺明、新明磺）（SMZ）	片剂：0.5克/片	内服，每天2次，首次量0.1克/千克体重，维持量0.05克/千克	同上
复方磺胺甲基异噁唑（复方新诺明片）	片剂：每片含TMP0.08克+SMZ 0.4克	内服，每天2次，30毫克/千克体重	同上
	针剂：每毫升含TMP 1.0克+SMZ 0.2克	静脉注射或肌内注射，每天1次，20~30毫升/体重	
磺胺间甲氧嘧啶（长效磺胺C，制菌磺SMM）	片剂：0.5克/片	内服或拌料每天1次，0.07克/千克体重	同上
	针剂：1.0克/10毫升	静脉注射或肌内注射，每天1次，0.07克/千克体重，同类药中抗菌作用最强，对球虫也有较好作用	
复方磺胺间甲氧嘧啶	片剂：每片含TMP 0.1克+SMM 0.5克	内服，每天1次，30毫克/千克体重	同上
磺胺对甲氧嘧啶（磺胺~5-甲氧嘧啶，长效磺胺D，消炎磺SMD）	片剂：0.5克/片	内服，每天1次，首次量0.05克/千克体重，维持量0.025克/千克体重	同上

药物名称	制剂规格	用法及剂量	防治疾病
复方磺胺对甲氧嘧啶（SMD~TMP）	片剂：每片含 TMP 0.08+SMD 0.4 克	内服，每天 1 次，30 毫克 / 千克体重	同上
	针剂：10 毫升含 TMP 0.2 克 +SMD 1 克	静脉注射或肌内注射，每天 2 次，20~25 毫克 / 千克体重	
磺胺邻二甲氧嘧啶（周效磺胺，法纳西）（SDM'）	片剂：0.5 克 / 片	内服，每天 1 次，首次量 0.05 克 / 千克体重，维持量 0.025 克 / 千克体重	同上
	针剂：10 毫升含 TMP0.2 克 +SDM' 1 克	静脉注射或肌内注射，每天 2 次，15~20 毫克 / 千克体重	
二甲氧苄氨嘧啶（敌菌净）（DVD）	片剂：0.5 克 / 片	内服，每日 2 次，10 毫克 / 千克体重，属抗菌增效剂，常与 SMZ、SMD、SMM、SMZ 和四环素配合使用	肠道感染及兔球虫病
磺胺脒（SG）	片剂：0.5 克 / 片	内服，每天 3 次，首次量 0.3 克 / 千克体重，维持量 0.15 克 / 千克体重	大肠杆菌病，腹泻等
琥珀酰磺胺噻唑（SST）	片剂：0.5 克 / 片	内服，每天 1~2 次，首次量 0.14 克 / 千克体重，维持量 0.07 克 / 千克体重，作用较 SG 强，连续使用 1 周以上，要补充维生素 K 和维生素 B_6	同上
酞磺噻唑（息拉米，PSA）	片剂：0.5 克 / 片	内服，每天 1~2 次，首次量 0.14 克 / 千克体重，维持量 0.07 克 / 千克体重	大肠杆菌病、腹泻等
磺胺醋酰钠滴眼剂	溶液剂 10%~30%	点眼	结膜炎、角膜炎等

续表

药物名称	制剂规格	用法及剂量	防治疾病
环丙沙星	片剂、针剂	内服，10~20 毫克/千克体重，每天 2 次；肌内注射 10 毫克/千克体重，每天 2 次	呼吸道、消化道、泌尿道感染、霉形体病及霉形体与细菌混合感染等
诺氟沙星（氟哌酸）	片剂，胶囊，预混剂（5%）	内服，每天 2 次，连用 3~5 天，10 毫克/千克体重	膀胱炎、肠炎、菌病等
恩诺沙星（乙基环丙沙星）	口服剂	口服，每天 2 次，2.5~5 毫克/千克体重	大肠杆菌病、沙门氏菌病、巴氏杆菌病、链球菌病、葡萄球菌病等
	针剂	肌内注射，每天 2 次，连用 3 天，2.5~5 毫克/千克体重，必要时停药 2 天后再连用 3 天	

表 6-6　抗寄生虫药物

药物名称	制剂规格	用法及剂量	防治疾病
磺胺喹噁林（SQ）	粉剂	在水中混匀饮用，预防量按 0.05% 浓度饮 3 周，治疗量按 0.1% 饮水。本品与二甲氧苄胺嘧啶（DVD）按 4∶1 比例混合，以 0.25 克/千克体重使用，抗球虫效果很好	球虫病
磺胺二甲嘧啶（SM2）	片剂：0.5 克/片	拌入饲料或饮水中，预防量按 0.1% 饲料或 0.2% 饮水浓度连喂 15~30 天；治疗量 0.5% 饲料，连喂 7 天，或 100 毫克/千克体重连喂 3 天，停 7 天后再使用一疗程。一般用药宜早	同上
磺胺氯吡嗪钠（三字球虫粉，Esb3）	粉剂	预防量按 0.02% 饮水或按 0.1% 混入饲料中，从断奶到 2 月龄；治疗量按 50 毫克/千克体重混入饲料中给药，连用 10 天，必要时停药 1 周后再用 10 天	同上

药物名称	制剂规格	用法及剂量	防治疾病
氯苯胍	片剂：0.01克/片；粉剂：预混剂（10%）	预防量每千克饲料加150毫克，从开食到断奶后45天；治疗量按每千克饲料加至300毫克，连喂1~2周，后改用预防量	同上
莫能菌素	预混剂（20%）	按含莫能菌素0.004%~0.005%浓度混入饲料饲喂，从断奶喂至60日龄	同上
球痢录（二硝苯甲酰胺）	粉剂	内服，50毫克/千克体重，每日2次，连用5天	同上
杀球灵	预混料（0.5%）	每千克饲料添加1毫克，连喂1个月，可控制发病和死亡，应与莫能菌素交替或轮换使用	同上
甲基三嗪酮（百球清）	溶液	预防量按0.0015%浓度饮水3周；治疗量按0.0025%浓度饮水2天，间隔5天，再服2天，是治疗兔球虫的特效药物	同上
盐霉素	粉剂	每千克饲料加50毫克，连喂7天	同上
地克珠利	粉剂	混饲用，每吨饲料添加1~2克，连用45天	同上
伊维菌素（害获灭）	粉剂，胶囊	内服，按说明使用	疥螨病、虱、蚤及线虫病
	针剂	皮下注射，按说明使用	
敌百虫	结晶粉	外用，1%~2%温水涂擦患部，7~10天后重复用药1次	疥螨病、兔虱病等
螨净	油状液体	外用，以1:500比例稀释，涂擦患部	同上
溴氰菊酯（倍特，敌杀死）	乳油剂，含溴氰菊酯5%	外用，配成50毫克/千克水溶液涂擦或喷洒患部	同上
氰戊菊酯（速灭杀丁）	乳油剂，含氰戊菊酯20%	外用，配成200~500毫克/千克溶液涂擦患部	同上
硫双二氯酚（别丁）	片剂：0.25克/片	内服，1次，100毫克/千克体重	肝片形吸虫病

续表

药物名称	制剂规格	用法及剂量	防治疾病
硝氯酚	片剂：0.1克/片	内服，1次，5~8毫克/千克体重	同上
甲苯咪唑	片剂：50毫克/片	内服，每天1次，连用3天，35毫克/千克体重	豆状囊尾蚴
枸橼酸哌嗪	片剂：0.5克/片	内服，每天1次，连用2天，成年兔每千克饲料0.5克，幼兔每千克饲料0.75克	蛲虫病

表6-7　抗真菌类药

药物名称	制剂规格	用法及剂量	防治疾病
灰黄霉素	片剂：0.1克/片	内服，预防量每天10毫克/千克体重；治疗量，每天30~50毫克/千克体重，15天为一疗程，间隔5~7天第二疗程	皮肤真菌病
	软膏：3%	涂敷患部	
制霉菌素	片剂：25万~50万单位/片	内服，5万~20万单位/只，每天2~3次	皮肤真菌病
	软膏：10万单位/克	涂敷患部	
咪康唑（达克宁、双氯苯咪唑、毒可唑）	乳剂：2% 洗剂：1%	涂敷患部疗效优于制霉菌素	皮肤真菌病
两性霉素 B	片剂：0.1克/片	口服，0.5~1毫克/千克体重，每天1次，隔日1次	同上
克霉唑	片剂：0.1克/片	口服，10~20毫克/千克体重，每天3次	同上

表6-8　维生素及其他药物

药物名称	制剂规格	用法及剂量	防治疾病
鱼肝油	每克含维生素A850单位，维生素D85单位	内服，1~2毫升/只	维生素A缺乏症、骨软症、佝偻病等

药物名称	制剂规格	用法及剂量	防治疾病
维生素 AD 注射剂	针剂：0.5 毫升、1.0 毫升、5 毫升，每毫升含维生素 A 5 万单位，维生素 D 5 000 单位	肌内注射，2 500~5 000 单位 / 只	促进生长发育，治疗维生素 A、维生素 D 缺乏症
维生素 D_2（骨化醇）	胶丸：1 万单位 / 粒	内服，2 500~5 000 单位 / 只	骨软症、佝偻病及急性低血钙症
	针剂：40 万单位 / 毫升	肌内注射，2 500 单位 / 只	
维生素 E	片剂：10 毫克 / 片	内服，每天 2 次，1 毫克 / 只	维生素 E 缺乏症、不育症
	针剂：每毫升 5 毫克或 50 毫克	肌内注射，1 毫克 / 只	
维生素 B_1	片剂：10 毫克 / 片	内服，1~2 片 / 只	维生素 B_1 缺乏症、消化不良
维生素 B_2	片剂：5 毫克 / 片	内服，2~4 片 / 只	维生素 B_2 缺乏症、消化不良
复合维生素	片剂溶液针剂	内服，1 片 / 只内服，1~2 毫升 / 只肌内注射，1 毫升 / 只	营养不良、消化障碍、口腔炎、B 族维生素缺乏症
干酵母	片剂：0.5 克 / 片	内服，1~2 片 / 只	消化不良，预防 B 族维生素缺乏症
食母生	片剂：含干酵母 0.2 克 / 片	内服，1~3 片 / 只	
维生素 C	片剂：50 毫克 / 片；100 毫克 / 片针剂：100 毫克 /2 毫升，1 克 /10 毫升	内服，0.05~0.1 克 / 只；肌内注射或静脉注射，0.05~0.1 克 / 只	解毒、应激综合征、休克
人工盐	粉剂	内服，助消化 1~2 克 / 只；泻下 4~6 克 / 只	小剂量内服用于食欲不振、消化不良等。剂量增大有缓泻作用

续表

药物名称	制剂规格	用法及剂量	防治疾病
大黄苏打片	片剂：0.5克/片	内服，1~2片/只	消化不良、便秘等
硫酸钠（芒硝）	无色结晶	内服，成年兔3~5克/只，幼兔1.5~2.5克/只，配成5%的溶液口服	同上
硫酸镁	无色针状结晶	同上	便秘、毛球病等
液体石蜡	无色透明油状液	内服5~10毫升/只；禁止用本品作泻药排除胃肠内毒物	便秘、臌气
植物油	豆油、菜籽油、花生油、麻油等	内服，一次量30~50毫升/只；禁止用本品作泻药排除胃肠内毒物	食滞、毛球病
蓖麻油	淡黄色黏稠液体	内服，成兔10~15毫升，幼兔5~7毫升，加等量水口服	便秘
消胀片（二甲基硅油片）	片剂：每片含二甲基硅油25毫克，氢氧化铝40毫克	内服，1片/只	臌气病
鞣酸蛋白	淡黄色粉状	内服，2~3克/只	止泻
矽炭银	片剂：0.5克/片	内服1~2片/只，宜空腹时灌服	急性胃肠炎、腹泻等
乳酸钙	片剂：0.5克/片	内服，1~4片/只	软骨症、佝偻病
葡萄糖酸钙注射液	针剂：2克/20毫升，5克/50毫升，10克/100毫升	静脉注射或深部肌内注射，0.2~0.4克/只，静脉注射时速度要缓慢	急性缺钙、胃肠麻痹
复方氨基比林	针剂：1克/2毫升	肌内注射，1~2毫升/只	感冒等热性传染病
水杨酸	白色结晶	外用，配成5%~10%酒精溶液涂擦患部	癣菌病

表 6-9　兔场常用的疫（菌）苗

疫苗名称	用　途	用　法	注意事项
兔瘟疫苗	预防兔瘟	皮下注射 1 毫升 / 只	兔场应按自己场内制定的防疫程序进行正常预防。若发生传染病时，应用单苗免疫注射，并要加倍剂量为好。有的菌苗由于菌型太多，制定成统一菌苗，效果不一，如沙门氏菌，最好用各地分离到的菌株，制苗后为各地使用
兔瘟、巴氏二联苗	预防兔瘟、巴氏杆菌病	皮下注射 1 毫升 / 只，注射一针预防二病	
兔、禽巴氏杆菌苗	预防兔、禽巴氏杆菌病	皮下注射 1 毫升 / 只	
魏氏梭菌苗	预防魏氏梭苗下痢病	皮下注射 2 毫升 / 只	
大肠杆菌多价苗	预防大肠杆菌主要血清型下痢病	皮下注射 2 毫升 / 只	
克雷伯氏菌苗	预防克雷伯氏菌下痢病	皮下注射 2 毫升 / 只	
波氏杆菌苗	预防波氏杆菌病	皮下注射 2 毫升 / 只	
葡萄球菌苗	预防乳房炎、脚皮炎	皮下注射 2 毫升 / 只	

四、安全使用抗生素

使用抗生素治疗獭兔疾病时，某种程度上是在选择耐药菌群。这种选择取决于患病兔的数量、所用抗生素的种类、给药剂量及疗程。因此，安全使用抗生素至关重要。在兽医临床中使用抗生素药物应注意以下几点。

（一）严格掌握适应证，弄清致病微生物的种类及獭兔对药物的敏感性

獭兔对一些抗生素也有过敏反应，也应当进行皮试，有条件时应做药敏试验，为了减少损失，对一些敏感性强的獭兔，宜皮试为好。这样既可对症下药，又可节省用药，减少开支。

（二）注意用量及疗程，应根据药物作用和对獭兔的药动学特点，制定给药方案与剂量

对治疗过程做详细的用药计划，观察将会出现的药效和毒副作用，随时调整用药方案。除有确实的协同作用的联合用药外，尽量避免使用多种药物或固定剂量的联合用药，应根据獭兔病情需要，调整药物的品种与剂量。一般开始用药时剂量宜稍大，急性传染病和严重感染时剂量也宜稍大，而当用药獭兔肝、肾功能不良时，按所用抗生素对肝、肾的影响程度酌情减少用药量。给药途径也应适当选择，严重感染时多采用注射给药，一般感染以内服为宜。

（三）防止细菌产生耐药性，不要乱用、滥用抗生素

不宜长时间使用一种抗生素，长期大剂量使用抗生素会降低獭兔机体的免疫力，引起体内（尤其是肠道）或皮肤表面微生态环境的改变，有引起条件性真菌感染的可能，可将有效的各种抗生素交替使用。

此外，防止影响免疫反应，在进行各种预防菌苗接种前后数天内，不宜使用抗生素。防止产生配伍禁忌，抗生素之间以及抗生素与其他药物联合使用时，有时会产生配伍禁忌，引起不良反应，应设法避免。

第四节　常见疾病及处理

一、常见传染病及防治

（一）兔瘟

1.病原与传染

兔瘟是一种新的病毒性急性传染病，该病是由病毒经呼吸道和消化道，也可通过皮肤伤口或配种由生殖道感染，发病快、病程短、死亡率高，群众称"兔瘟"。3月龄以上的兔多发病，3月龄以下的极少发病，

带仔母兔不发病，公母兔都可发病。发病一般在8月份开始，翌年3月份结束，其他季节有零星散发，一旦被感染，就会造成流行。3月龄以上的兔致死率为90%以上，甚至达100%。

2. 临床症状

兔瘟分最急性型、急性型和慢性型三种。最急性型多发于青年兔和成年兔，死前无明显临床症状，或仅表现为精神兴奋，在笼内乱跳、碰壁、惊叫，多出现于夜间死亡。死亡后四肢僵直，头向后仰，少数鼻孔流血，肛门处有淡黄色液体流出，病程10~20小时。急性型，多发于青年兔和成年兔，患兔食欲减退，饮水增多，不喜动，体温升高，迅速消瘦。临死前，全身颤抖，侧卧，四肢不断做划船状，短时间抽搐、尖叫死亡。少数鼻孔流血，肛门处有黄色液体流出。病程一般12~48小时。慢性型多发于3月龄幼兔和少数青年兔。患兔体温升高，精神委顿，被毛粗乱无光泽，严重消瘦，食欲减退甚至废绝，衰竭死亡，病程可达4~6天。剖解后，可见肺、肝、脾、胃、心等器官有出血点。

3. 病理剖解

以肺、肝、脾、胃、心有广泛性出血充血，以肺和气管有淡红色血样泡沫最为明显。

4. 防治

发病后立即对病兔进行隔离、封锁。整个兔群，除未断奶仔兔外，紧急注射兔瘟疫苗，每只兔皮下注射2~3毫升。兔舍、兔笼、场地清洁后，用0.5%菌毒敌或0.1%过氧乙酸或2%氢氧化钠溶液消毒，兔舍人行道轻撒生石灰。发病兔场停止引进和出售种兔及兔产品。非本场人员应严格限制出入。病死兔应进行深埋或焚烧处理。

（二）兔巴氏杆菌病

1. 病原与传染

病原为多杀性巴氏杆菌，经呼吸道、消化道、皮肤或黏膜伤口感染。本病多发于春秋两季，常呈散发或地方性流行，如不采取防治措施，可造成大批发病和死亡。

2. 临床症状

该病的潜伏期长短不一，一般几小时至几天或更长。主要取决于病菌的毒力、数量、兔的抗病力以及感染部位，可引起全身性败血病、地方性肺炎、传染性鼻炎、中耳炎、母兔子宫炎、公兔睾丸炎、结膜炎、皮下脓肿病。最急性的病兔不见症状突然死亡。急性病兔呼吸快，流鼻涕，有的拉稀，1~2 天死亡。慢性病兔最初为浆液或化脓性鼻炎，随即出现支气管肺炎，伴有结膜炎。

3. 防治

加强饲养管理，搞好兔舍笼食具卫生清洁、干燥，定期消毒。预防，每隔半年用兔巴氏杆菌或用禽巴氏杆菌进行一次预防注射，每只兔皮下注射 2 毫升，是防止巴氏杆菌发生和流行的有效方法。兔场发生巴氏杆菌病时，应进行紧急预防注射，除未断奶仔兔外，每只兔皮下注射巴氏杆菌苗 2~3 毫升。病兔用伤寒痢疾灵治疗，大兔每只注射 1 毫升，小兔酌减，每日 2 次，连续 3 天。用链霉素每千克体重 1 万单位，肌内注射，每日 2 次，连续 3~5 天。磺胺嘧啶每千克体重 0.05~0.2 克，每日 3 次，连续 5 天。用中药黄连、黄芩、黄柏、黄栀子、大黄各 3 克 / 只，水煎服，有一定的防治效果。做好清洁卫生，兔舍、兔笼、场地用 0.5% 菌毒敌或 0.02% 的百毒杀溶液消毒。及时淘汰疑是巴氏杆菌和患巴氏杆菌的病兔。

（三）黏液性肠炎（大肠杆菌病）

1. 病原

主要以 O18、O85 型等大肠杆菌引起 1~4 月龄幼兔发病，一年四季均可发生。大肠杆菌侵入肠道，产生大量的毒素，而引起腹泻，甚至死亡。兔场一旦发生本病后，常在同场地、兔笼污染而引起大流行，造成大批仔兔死亡。

2. 临床症状

本病的主要特征是腹泻和流涎（流清口水）。病兔精神沉郁、被毛粗乱、腹部膨胀、剧烈腹泻，拉黄色至棕色水样稀粪，常有大量明胶样和一些两头尖的干粪。病兔四肢发冷、磨牙、流清口水。一般 1~2 天

死亡，多数 7 天死亡，很少康复。

3. 防治

无病兔场对断奶仔兔的饲料应逐渐更换，防止突然改变。发病兔即进行隔离治疗。兔笼、舍和用具及场地进行消毒。仔兔 25 日龄时，每只兔皮下注射 2 毫升大肠杆菌多价菌苗，种兔每半年一次，剂量相同。治疗每千克体重用链霉素 20 毫克，肌内注射，每日 2 次，连用 3~5 天。也可用庆大霉素或卡那霉素肌内注射，大兔 2 毫升、小兔 1 毫升。同时给病兔喂促菌生或酵母片或乳霉生等健胃消食药。

（四）兔魏氏梭菌病

1. 病原及传染

本病由 A 型魏氏梭菌引起。吃了被病兔污染的饲草饲料、饮水经消化道感染。獭兔最易感，不同年龄均可发病，但以 1~3 月龄的仔、幼兔多发，发病无季节性，但主要发病于冬春季节。气候寒冷、潮湿、饲草饲料的改变、饲养管理不善和饲料粗纤维不足易诱发本病。

2. 临床症状

本病以发病急、粪稀、量大、呈黑色、有特殊的腥臭味为特征。有传染性，死亡快（半天至 1 天），一般药物治疗无效。病兔精神不振，不吃草料，不饮水，初期排出灰褐色稀粪，逐渐呈黑褐色水样粪便，有腥臭味。有的粪中带有血样黏液，肛门附近及后肢被毛被粪便污染，嘴及后肢脏臭。出现泻水样粪便的病兔当天或次日死亡。绝大多数为最急性型，少数病程达 1 周左右，最终病兔消瘦衰竭而死。

3. 病理剖解

尸体脱水、消瘦，腹腔内腥臭味较浓，胃肠黏膜脱落，可见到胃壁黏膜处有大小不等的黑色溃疡，肠壁明显充血、出血，肠内容物稀薄，盲肠浆膜有明显出血，呈横行条带形，肠内充满气体和黑色水样粪便，味腥臭。

4. 防治

严格隔离病兔，对病兔污染用具、笼舍消毒。仔兔断奶后，每只兔皮下注射 2 毫升（A 型）魏氏梭菌菌苗，以后每年一次，剂量相同。兔场如发生魏氏梭菌病，紧急预防接种 A 型魏氏梭菌菌苗，是控制本病发生的有效措施。有种用价值的种兔，可采用特异性高免血清治疗，每千克体重 2~3 毫升，皮下或肌内注射，2 次/日，连用 2~3 天，有一定疗效。给兔群适量喂一些含粗纤维较高的饲草，如已经开始抽穗的黑麦草、鸭茅或黄豆秆、野青蒿、稻草等。做好清洁消毒，用 0.5% 菌毒敌溶液消毒。病死兔应进行深埋或焚烧处理。

（五）兔波氏杆菌病

1. 病原及传染

是由波氏杆菌经呼吸道引起的传播广泛、常见的一种传染病，以鼻炎和肺炎为特征。仔、幼兔多呈急性发作，成年兔呈慢性经过。天气变化较大的春、秋两季为多发季节。

2. 临床症状

仔、幼兔感染波氏杆菌，发病多为急性，成兔感染波氏杆菌发病为慢性。根据发病程度不同，可分为鼻炎型、支气管肺炎型、败血型。

鼻炎型　鼻炎型最为常见，从鼻腔内流出浆液性、黏液性或脓性分泌物，在两侧鼻孔内结痂，形成鼻漏。病兔经常打喷嚏或咳嗽，用爪抓鼻孔，导致周围毛潮湿或脱落，可诱发面部皮炎、结膜炎、中耳炎等。严重的病兔日渐消瘦、呼吸困难或急促、体温升高达 40℃ 以上，死亡迅速。

支气管肺炎型　往往是鼻炎继发病，食欲减退，呼吸困难，日渐消瘦。

败血型　病兔精神委顿，对外来刺激无反应，不吃草料、呼吸急促，体温升高 40℃ 以上，迅速死亡。

3. 防治

加强饲养管理和清洁卫生消毒工作。用波氏杆菌菌苗（或联苗）接种健康兔，每只兔皮下注射 2 毫升，每半年一次，有预防效果。病兔可用卡那霉素，大兔 2 毫升/只，小兔 1 毫升/只；庆大霉素大兔 4 万~8 万单位/只，小兔 1 万~4 万单位/只；或 0.2 克/千克体重磺胺类药物治疗。

（六）葡萄球菌病

1. 病原及传染

由金色葡萄球菌经皮肤和黏膜伤口等不同途径感染，如创伤、擦伤、抓伤、毛囊或汗腺，新生仔兔损伤脐带、飞沫及母兔的乳头等都可感染引起发病。

2. 临床症状

根据病原菌侵入的部位和继续扩散的形式不同，表现出转移性脓毒血症、脚皮炎、乳房炎、仔兔急性肠炎、仔兔脓毒败血症。

转移性脓毒血症：病初在兔体各部位的皮下、肌肉或内脏器官中形成大小不一的脓肿，不易察觉。时间稍长，可摸到核桃大小、柔软有弹性的脓肿。脓肿破裂，流出白色黏稠的脓汁。脓汁污染皮肤的其他破伤处，则发生新的脓肿，称为转移性脓毒血病。病兔如发生全身感染，则出现败血症而迅速死亡。

脚皮炎：兔笼底板表面粗糙或边缘锐利，兔脚掌或趾部皮肤磨破或划伤感染，脚底起初发红、稍肿胀、脱毛，继而化脓，形成经久不愈的出血溃疡面。病兔吃草料减少，不愿活动，消瘦。病腿后肢抬起，怕负重，不敢触地，很小心地换脚。有时啃咬患部，出现全身感染，呈败血症死亡。

乳房炎：当乳房或腹部皮肤受刺伤和被小兔咬伤乳头而感染。急性乳房炎，病兔体温升高达40℃以上，精神沉郁，吃草料减少。乳腺肿胀，皮肤发红，以后变青、变紫，乳汁中混有脓汁和凝乳块，有时带血，拒绝哺乳。慢性乳房炎时，触摸乳房，手感有大小不一、散在硬块，逐渐软化形成脓肿，有时从乳头流出带脓血的乳汁。严重时病兔不食草料，拒绝哺乳。病程加剧时，可造成全身性感染死亡。

仔兔急性肠炎：又称仔兔黄尿病。仔兔吃了患乳房炎母兔的乳汁而引起发病。一般全窝发病，病仔兔屙黄尿，肛门周围和后肢被毛潮湿、腥臭，有的沾污粪便，2~3日死亡。

仔兔脓毒败血症：常因母兔带菌传给仔兔，创伤也可感染。初生2~3天的仔兔，在皮肤上形成粟粒大小白色脓肿，很多病兔在2~5天后因败血症而死。未死的病兔脓肿逐渐变干、消失而康复。

3.防治

消灭苍蝇、老鼠，消除传播媒介。搞好饲草料、饮水卫生，防止污染。搞好笼舍、用具、环境清洁卫生，及时进行消毒。怀孕母兔在产仔前后适当减少精料，以防乳汁过多过浓引起乳房炎。乳汁过多、过浓时，母兔适当减少多汁饲料。健康兔可皮下注射1毫升金黄色葡萄球菌培养液制成的菌苗，预防本病。经常检查，发现病兔立即隔离治疗或淘汰。病死兔要深埋或焚烧。预防仔兔黄尿病，在母兔产仔后肌内注射一次大黄藤素，每只2毫升，或喂给新诺明片。病兔可用卡那霉素每千克体重5~15毫克，肌内注射，每日2次；局部病患经剪毛、清创、消毒后，涂擦红霉素或青霉素软膏。

（七）坏死杆菌病

1.病原及传染

由坏死杆菌经皮肤、黏膜伤口侵入皮肤、皮下组织、肠、腹腔引起面、头、颈、舌和口腔黏膜的坏死和脓肿为特征的散发性疾病。处于污秽条件的獭兔，一有抓伤、咬伤或其他伤口，则很容易受到带有病原菌的粪便污染而发病。长期处于阴冷潮湿的环境中，舍笼拥挤，闷热，昆虫叮咬以及营养不良等都可促进本病的发生。

2.临床症状

病初唇部、口腔、面部皮肤、头、颈及胸前和四肢的皮肤肿胀、坏死，下颌淋巴结肿大。坏死病灶继续发展，形成溃疡，有臭味。病兔体温升高，体重下降，甚至消瘦。

3.病理剖解

在肝、脾、肺等处见有坏死病灶和胸膜炎、心包炎。有的病兔有多处皮下脓肿，内含黏稠的化脓性或干酪样的物质，具有特殊臭味。

4.防治

兔舍要光线充足、干燥和空气流通，保持笼舍和环境的清洁卫生，避免皮肤、黏膜的损伤。兔群发现病兔进行隔离和检疫，对舍笼和用具进行消毒。病重者淘汰，病轻者，清除坏死组织，用3%双氧水或

0.1%高锰酸钾溶液冲洗，每日2次，再涂碘甘油或撒布青霉素或磺胺粉。控制全身感染，可用青霉素、磺胺嘧啶、金霉素等，如腹腔注射青霉素疗效更明显。

（八）毛癣病

1. 病原及传染

由真菌引起的一种人畜共患的传染性皮肤病。健康兔与病兔直接接触传染，或间接接触患有真菌性皮肤病的饲管人员而传染。而人直接或间接接触病兔、用具等也容易被传染。仔、幼兔比成年兔易感染。如兔场、养殖户的獭兔一旦感染了毛癣病，就会迅速传染蔓延，危害严重。

2. 临床症状

15日龄至2月龄左右的仔、幼兔发病率较高。病兔的头部、口、眼周围及耳朵，逐渐扩展到颈、背、腹。四肢内侧、尾等部位，患病部位脱毛，形成环形突起，界线明显，有带灰色或淡黄色结痂，逐渐痂皮脱落，形成溃疡。患病仔兔生长缓慢，逐渐消瘦而死亡。

3. 防治

发现病兔严格进行隔离或进行淘汰，将患病兔深埋或焚烧。加强饲养管理，搞好环境、舍笼、用具的清洁卫生，用菌毒敌、百毒杀、消毒灵或2%的烧碱溶液进行彻底消毒。每千克饲料加入灰黄霉素60~80毫克，每天喂2次，连喂15天为1疗程，同时给兔群注射伊维菌素0.02毫升/千克体重，可达到预防和治疗的目的。

二、常见普通病及防治

（一）感冒

1. 病因

多因气候突变、冷热不均，兔舍潮湿，越冬防寒措施不好，兔舍通风漏雨及病菌感染引起发病。

2. 临床症状

病初吃草料减少，流鼻涕，打喷嚏，鼻黏膜发红，轻度咳嗽，流眼泪呈水样，常用脚擦拭。更重者连续咳嗽，不食草料，体温升高至40℃以上，有的后期呼吸困难。如治疗不及时，护理不当可引起支气管炎和肺炎。

3. 防治

加强饲养管理，防止兔感受风寒暑湿侵袭。及时隔离病兔，喂给优质青草。治疗可内服阿司匹林、安基比林、扑炎痛、感冒清，成兔0.5~1片，幼兔递减，每日3次。为防止疾病恶化也可肌内注射青、链霉素各10万单位，每日2次，连用1~2天。

（二）支气管肺炎

1. 病因

支气管肺炎多因天气突变、兔舍潮湿寒冷而引起。伤风感冒后未及时治疗护理也可导致本病。

2. 临床症状

病兔精神沉郁，吃草料减少，咳嗽不断，连续打喷嚏，流黏液性鼻涕，流眼泪，体温升高到41℃，呼吸急促，粪便干燥。

3. 防治

加强饲养管理和防寒保暖、降温除湿措施。把病兔放到温暖、干燥、通风的环境饲养，饲喂给温水和富含维生素的青饲料。治疗可肌内注射青、链霉素各10万单位，每日2次，连用5~7天。用磺胺嘧啶按每千克体重0.2克内服，每日3次，连用3~5天，或5%磺胺噻唑钠注射液，成兔2毫升、幼兔1毫升，肌内注射，每日3次，连用3天，或环丙沙星注射液每千克体重5~10毫克，肌内注射，每日2次，连用3~5天。

（三）腹泻

1. 病因

拉稀是獭兔的常见病。因饲养管理不当，吃了霉烂变质的饲草料，饲料突然变换，喂食不定时定量，饥饱不匀，贪食过多，过食了不易消化的草料，冰冻、露水草及饮水不洁，或吃了有毒植物均能引起此病。多种病原微生物和病毒也能使兔感染患此病。

2. 临床症状

病兔精神不振，吃草料减少，甚至不吃，粪便不成形，变软，稀薄，以至呈稀糊状或排水样粪便，粪便带有黏液，病兔在数小时内死亡。若感染细菌，则粪便有腥臭味，混有灰白色的脓状物，体温升高，呼吸急剧，肛门、尾、四肢被粪便污染。粪便带血为黑红色。

3. 防治

加强饲养管理，不喂腐败变质、霉变的饲料和不洁的水。仔兔日粮中，每 100 千克饲料中添加 100 克复合酶、益生素、干酵母粉等。内服磺胺咪 0.2~0.5 克，小苏打 0.2~0.5 克，每日 2 次。金霉素 0.2~0.3 克内服，每日 2 次，也可肌内注射链霉素 8 万~10 万单位，维生素 B_1/毫升，每日 2 次，连用 2~3 天。

（四）便秘

1. 病因

饲料粗纤维含量过多、饮水不足，或患毛球病以及某些高热病，均可引起便秘。

2. 临床症状

病兔食欲减退或废绝，粪便变小而坚硬，排粪困难或排出的粪量少，腹部膨胀，尿红色，精神较差。

3. 防治

在饲养管理中要注意日粮精料量不宜过多，适量多喂一些青饲料和多汁饲料，注意饮水和运动。病兔可用植物油 25 毫升，蜂蜜 10 毫升，加温开水 10 毫升，灌服。大黄片 1~2 片，维生素 B_1 1 片，食母生 2 片内服，每天 2 次，连续 3~5 天。人工盐成兔 5~6 克，幼兔减半，加温开水 20 毫升，灌服。通舒片 1~2 片，每日 2 次，连用 3 天。

（五）伤食

1. 病因

仔、幼兔贪食，吃食过量不易消化的饲料而引起。

2.临床症状

常见病兔食量显著减少或不食草料，胃部膨大，精神沉郁，不愿走动，有的表现痛苦不安、磨牙流涎、呼吸加快、结膜潮红。粪便长条形或成堆，有特殊的酸臭味。

3.防治

病兔停食一天，或减少精料喂量，供给易消化的草料，加强运动。喂给多酶片 1~2 片，或健胃片 2~3 片，或酵母片 2~3 片，加维生素 B_1 1 片，每天 2 次，连用 3 天。鸡内金半个，煎水灌服。

（六）腹胀（胃肠胀气）

1.病因

采食过量的易发酵、易膨胀饲料（如麸皮、豆渣等），腐败、变质、霉烂、冷冻饲料以及含露水过多的豆科牧草等，易发生腹胀病。

2.临床症状

患兔贪食而消化不良，不吃草料、精神委顿、腹部膨胀如鼓，充满气体，叩诊呈鼓音。有的病兔流涎，肠内粪球干硬变小，可视黏膜潮红甚至发绀。如不及时治疗，可导致胃破裂或窒息死亡。

3.防治

病兔用植物油（菜油或蓖麻油）10~20 毫升灌服。大黄酊 1~2 毫升或姜酊 2~3 毫升，加温开水 10~15 毫升灌服。在饲养管理中，必须做到定时定量，切勿饥饱不匀，仔兔断奶不宜过早，不喂腐败变质饲料。

（七）母兔食仔

1.病因

母兔缺乏某些矿物质、维生素产生食仔癖，以及产仔缺水口渴而食仔兔。

2.临床症状

母兔将刚产出的仔兔吃掉，轻者是 1~2 只，严重者将仔兔全部吃掉。

3. 防治

母兔怀孕期间给予足够的矿物质及维生素，产前和产后保证饮水和青饲料供应。保持兔舍环境安静，尽量避免异常气味。母兔连续 2~3 胎，仍食仔兔，可淘汰该母兔。

(八) 母兔产后瘫痪

1. 病因

饲料中缺钙、钙磷比例不当或缺维生素 D 或母兔怀孕产仔使钙大量流失而引起发病。

2. 临床症状

母兔产后瘫痪轻者食欲减少，重者食欲废绝。出现便秘、排尿减少或不排尿。乳汁分泌减少或停止泌乳。产仔后轻者后脚跛行，重者四肢或后肢不能站立，趴在笼内，躺卧时间过长，体躯上生褥疮，逐渐消瘦，死亡。

3. 防治

注意兔舍、笼清洁卫生，保持干燥。供给母兔充足的钙、磷和维生素 D，增强运动。母兔静脉注射葡萄糖酸钙溶液 5~10 毫升，每日 1 次，连用 3~5 天。母兔每次肌内注射维丁胶性钙 1~2 毫升或醋酸可的松 2.5 毫升。每日 1 次，连用 3~5 天。给母兔每隔 2~3 小时直肠灌注温热的食糖溶液 10~30 毫升。同时，用手按摩不能站立的四肢，使其通经活血。

(九) 母兔子宫脱出

1. 病因

母兔妊娠期营养不良，体况瘦弱，产仔时引起子宫脱出。

2. 临床症状

母兔产仔结束，子宫外翻脱出阴户 2~5 厘米，出血不止，子宫黏膜表面粘附着草料等污物，子宫脱出如不及时处理，会造成流血过多而死亡。

3. 防治

病兔用 3% 的双氧水或 0.1% 高锰酸钾溶液将母兔脱出的子宫表面清洗干净。首先将母兔脱出的子宫用双氧水清洗后，将母兔头朝下，后肢朝上，用手指将子宫送回阴道复原，把阴户缝合一针，以免子宫再次脱出，7 天后拆掉缝合线。手术结束后，一次肌内注射维生素 K 0.5~1 毫升，青霉素每千克体重 3 万~5 万单位，每日 2 次，连用 3 天，同时，可内服镇痛药。

（十）母兔不发情

1. 病因

饲料营养不良，母兔体况差；饲料营养过剩，母兔体况过肥或缺乏维生素 E、维生素 A 引起母兔不发情。

2. 临床症状

性欲减退或缺乏，母兔屡配不孕，发情周期无规律，甚至不发情。母兔过肥或过瘦。

3. 防治

加强饲养管理，喂给足够的配合日粮和含维生素丰富的饲草，保持中等体况，不能过肥过瘦。同时，增加母兔的运动。不发情母兔，每日每只喂给维生素 E 1~2 粒，或催情散 3~5 克，或淫羊藿 5~10 克。每只兔每次肌内注射促排 3 号或促排 2 号 5~10 毫克。将母兔放入公兔笼内，让公兔追逐爬跨挑逗催情。亦可用手在母兔臀部或直接触摸阴户，刺激催情。对母兔舍延长光照时间至 14~16 小时，促进母兔发情。对屡配不孕母兔，严格淘汰。

（十一）母兔流产

1. 病因

妊娠母兔因营养不良、饲喂不洁或霉变饲料、惊吓、粗暴捕捉及某些传染病而引起流产。

2. 临床症状

母兔产仔期未到，产出未足月的胎儿或死胎，日龄大的基本成形，

日龄小的尚未成形，全身粘有血，绝大多数流产的都是死胎儿，未死胎儿也难养活。母兔流产后，大量出血，出血过量会造成母兔死亡。

3. 防治

母兔流产后，局部可用0.1%高锰酸钾溶液冲洗。母兔流产后，出血不止的肌内注射维生素K 0.5~1毫升，青霉素每千克体重3万~5万单位，每日2次，连用3天。注意补充营养，待完全恢复健康后才能配种。

（十二）母兔阴道炎

1. 病因

母兔阴道受到病原微生物感染而发病。

2. 临床症状

母兔阴户部轻者潮红肿胀，重者糜烂，阴道黏膜发炎溃烂，有白色的分泌物流出，拒绝交配。

3. 防治

外阴部红肿，用碘甘油涂擦患部。母兔患部发炎溃烂，用3%食盐水或2%硼酸水冲洗患部，涂擦磺胺类软膏或青霉素软膏。阴道患部发炎溃烂的病兔，除涂擦药外，同时注射青霉素每千克体重3万~5万单位，每日2次，连用3天。

（十三）中暑

1. 病因

獭兔无汗腺，对高温敏感，烈日暴晒或环境闷热易引起中暑。本病多发于夏季和长途运输的獭兔。

2. 临床症状

口腔、鼻腔和眼结膜充血、潮红、体温升高、心跳加快、呼吸急促、停止采食，严重的呼吸困难、黏膜发绀，从口和鼻中流出带血色液体。病兔常伸腿伏卧，四肢呈现间隙性震颤或抽搐，直到死亡。有的突然虚脱、昏倒，发生全身痉挛，尖叫死亡。

3. 防治

舍内温度超过 35℃时，应在地面和房面洒水散热。保证舍内通风凉爽。在兔饮水中加入十滴水或藿香正气水。将病兔放到阴凉通风处，或取十滴水 1 毫升或藿香正气水 1 毫升，加温淡盐水灌服，同时用湿毛巾盖在兔头上，每隔 3~4 分钟更换一次。也可在头部放上冰袋。将兔的耳剪破，从耳静脉放血。口服仁丹 2~3 粒，或静注樟脑磺酸钠注射液或樟脑水注射液。

（十四）獭兔食毛（毛球病）

1. 病因

饲养管理不当、营养缺乏和疥癣等皮肤病引起獭兔吞食大量被毛，并在胃内与食物纠缠成毛团而发病。

2. 临床症状

食欲不振、便秘、口渴饮水增加、常伏卧、消瘦，易形成胃阻塞或肠梗阻。如不及时治疗，可导致死亡。

3. 防治

在饲料中补充氧化镁、氧化锌和含硫氨基酸。内服植物油（如菜油、豆油等）20~30 毫升，每日 3 次，连用 3~5 天。兔毛（球）泄出后 1~2 天，可喂给易消化的青饲料和健胃药物。

（十五）母兔缺奶

1. 病因

母兔妊娠期营养不足，体况差，引起产仔后缺奶。

2. 临床症状

主要表现为乳房和奶头松弛、柔软或萎缩变小。母兔不愿哺乳，仔兔因饥饿而不停地在产仔箱内爬动，吱吱叫，消瘦贫血，增重缓慢，甚至饥饿而死亡。

3. 防治

增加配合颗粒饲料的饲喂量，增添青绿多汁饲料，如蒲公英、苦荬菜、菊苣、莴笋叶、胡萝卜、南瓜等。用穿山甲、木通、通草、党参、

山楂、陈皮各 1~2 克煎水灌服。豆浆 200 克煮沸晾温，加红糖 5~10 克，醪糟 5~10 克喂服，每日一次，连用 2~3 天。芝麻 10~25 克，花生米 10~20 克，食母生 3~5 片捣烂饲喂，每日 2 次，连续 2~3 天。口服催乳片，每日 3 次，每次 1 片，连续 3 天。可试用 10 单位脑垂体后叶激素，每只兔皮下或肌内注射。

三、常见寄生虫病及防治

（一）兔球虫病

1. 球虫病的感染

獭兔球虫病是兔艾美耳球虫经消化道引起的常见病。本病多发生在梅雨季节，不同年龄的兔都易感染，特别是 4 月龄以内的仔、幼兔易发生，感染严重时，死亡率可达 100%。

2. 临床症状

本病多发生于 20~90 天的仔兔、幼兔。急性的病兔发病急，突然侧身倒地，四肢痉挛，头向后偏，两后肢呈游泳状划动，发出惨叫迅速死亡。慢性型的病兔吃草料减少或不吃，腹部膨气（胀肚），拉稀粪便污染四肢和肛门，消瘦，被毛粗乱易脱落，生长滞缓，下痢后很快消瘦死亡。

3. 防治

保持兔舍笼通风干燥。每天清扫兔笼舍及运动场粪便，并堆积发酵。哺乳母兔与仔兔、幼兔分开饲养，避免交叉感染。平时用药物预防，可用氯苯胍每吨饲料 150 克拌料饲喂，治疗时用量加倍，也可用 0.1% 磺胺二甲基嘧啶加入配合精料中混合喂服，连续喂服 20 天。每吨配合日粮中添加地克珠利 2 克，饲喂 15 天。在预防兔球虫病的过程中氯苯胍和地克珠利应交叉使用，避免产生耐药性。

（二）兔疥癣病

1. 病的感染

兔疥癣病是由螨虫（疥螨和痒螨）经接触而感染。被污染的兔舍、兔笼、食具、用具、工作人员的衣服和手也能传播，秋冬季节，特别是阴雨天气，阴凉潮湿、密集饲养时最易感染。卫生条件不好，消瘦兔和幼兔易引起本病。

2. 临床症状

兔疥癣主要发生于耳（称耳螨病）、全身（称体螨病）和四肢（称足螨病）。病初在皮肤上也出现红肿、破伤，流出白色或黄褐色渗出物，数日后结成黄褐色结痂，痂块逐渐增厚干裂成白色，布满整个耳、四肢及全身。局部发痒造成兔吃草料减少，逐渐消瘦贫血，严重时引起死亡。

3. 防治

加强饲养管理，搞好环境卫生，保持兔舍、笼清洁，干燥，通风良好，阳光充足。兔舍笼、用具、食具及时清除污物和定期消毒。消毒可用 10%~20% 石灰水和 3%~5% 来苏儿。皮下注射伊维菌素，每千克体重 0.02 毫升，或饲喂阿维菌素片，每 10 千克体重 1 片，或用阿维菌素粉每千克体重 0.02 毫克拌料饲喂，每季度一次。每月用 5% 的三氯杀螨醇洗脚一次。

（三）豆状囊尾蚴病

1. 病的感染

豆状囊尾蚴病是寄生在犬和肉食动物体内的豆状带绦虫的幼虫寄生于獭兔和野兔等中间宿主的胃网膜、腹膜和肝脏上引起的疾病，通常因獭兔采食了被污染的饲料而发病。

2. 临床症状

病兔食欲不振，精神沉郁，不爱活动，腹围增大，嗜睡，逐渐消瘦，被毛粗乱。最后因体弱衰竭而死亡。

3. 防治

清除兔场猫和狗，避免猫狗粪便继续污染饲草和饮水。吡喹酮每千克体重 25 毫克皮下注射，每日 1 次，连用 5 天；内服甲苯咪唑 35 毫克 / 千克体重，每天一次，连用 3 天。

四、其他疾病及防治

（一）有机氯化合物中毒

1. 病因

兔误食被二二三、六六六喷洒后的饲草而引起中毒。

2. 临床症状

病兔肌肉震颤，运动失调，头颈向下方弯曲，不吃草料，常发生死亡。

3. 防治

不喂喷洒过二二三、六六六的饲草。中毒病兔首先查明中毒是内服还是外用中毒。内服中毒时，可喂少量碳酸氢铵及泻盐（如硫代硫酸钠或硫酸镁），慢性中毒可静脉注射葡萄糖液和维生素C，以增强肝脏解毒功能。外用中毒时，立即用肥皂水洗去浅留体表农药，防止继续吸收。

（二）有机磷化合物中毒

1. 病因

獭兔因误食用过有机磷农药（3911、1059、乐果、4049、敌百虫、敌敌畏等）而毒性未解除的蔬菜、谷物、植物种子和田间杂草等都可发生中毒，治疗内外寄生虫时用药不当也可发生中毒。

2. 临床症状

病兔不吃草料，大量流涎、吐白沫、流泪、磨牙、肌肉震颤，呼吸急促，呼出的气有大蒜味，有的抽搐，出汗，后肢麻痹，口黏膜和眼结膜呈紫色，瞳孔缩小，视力减退，拉稀，排血尿，尿液有大蒜味，昏迷倒地而死。

3. 防治

不喂喷洒过有机磷制剂杀虫而药性未解除的青饲料，用有机磷制剂驱除内外寄生虫时，严格控制剂量、浓度和用药的间隔时间。中毒的病兔先静注4%解磷定1~2毫升，每隔2~3小时注射一次，也可静注25%氯磷定0.5~1毫升。肌内注射1%的硫酸阿托品0.5毫升。

（三）灭鼠药中毒

1. 病因

常用的灭鼠药有磷化锌和安妥。当灭鼠时，毒饵不慎混入饲料中，兔食后即可发生中毒。

2. 临床症状

磷化锌中毒，病兔精神不振，口渴，下痢，共济失调，进行性衰弱。安妥中毒时食欲消失，呼吸困难（肺水肿），共济失调，衰弱和昏迷。中毒严重的很快死亡。

3. 防治

兔场灭鼠时，谨防毒饵混入饲料中和饮水里。磷化锌中毒时用 0.1%~0.5% 的硫酸铜灌服，有解毒作用。安妥中毒时无特异解毒药，早期可服盐类泻剂，并用抗生素防止继发感染。

（四）霉变饲料中毒

1. 病因

在饲料中，玉米、花生、豆饼和鱼粉等发生霉变，产生毒素引发霉菌中毒。

2. 临床症状

病兔多伏卧，拒食，反应迟钝，渴欲增强，腹泻，粪便恶臭，可视黏膜黄染。怀孕母兔出现流产或死胎，严重病例不食，后肢无力，可视黏膜苍白，肛门带有血便，间歇性抽搐，运动失调，全身麻痹，迅速死亡。

3. 防治

停喂发霉变质的干草和配合饲料，重新配制饲料，并喂给青绿饲料。病情较轻者每千克饲料中加入碘化钾 5~10 克饲喂。用制霉菌素、两性霉素 B 等抗真菌药物治疗，用 10% 葡萄糖 50 毫升，加 2 毫升维生素 C 静脉注射。用 0.1% 高锰酸钾液或 2% 碳酸氢钠溶液 50~100 毫升灌服洗胃，5% 葡萄糖 50 毫升，加 2 毫升维生素 C 灌服。口服 5% 硫酸镁 30~50 毫升或液体石蜡、鱼石脂等药物。也可静注 5%~10% 葡萄糖、20% 安钠咖、5% 维生素 C。

第七章

獭兔适时出栏技术

第一节　獭兔最佳取皮时期

一、商品獭兔的分级标准

（一）《裘皮 獭兔皮》GB/T 26616—2011 标准中獭兔皮等级分级标准

1. 特级

绒面平齐，密度大，毛色纯正、光亮，背腹毛一致；绒面毛长适中，有弹性；戗毛少，无缠结毛、旋毛；板质良好，无伤残；面积大于 1 500 厘米^2；绒长 1.6~2.0 厘米。

2. 一级

绒面平齐，密度大，毛色纯正、光亮，背腹毛一致；绒面毛长适中，有弹性；板质良好，无伤残；面积大于 1 200 厘米^2；绒长 1.6~2.0 厘米。

3. 二级

绒面平齐，密度较好，毛色纯正、光亮平滑，腹部绒面略有稀疏；板质好，无伤残；面积大于 1 000 厘米^2；绒长 1.4~2.2 厘米。

4. 三级

毛绒略有不平，密度较好，腹部毛绒较稀疏；板质较好；次要部位 1 厘米^2 以下的伤残不超过 2 个；面积大于 800 厘米^2；绒长 1.4~2.2 厘米。

5. 等外品

不符合特级、一级、二级、三级以外的皮张。

（二）四川省草原科学研究院制定的獭兔商业分级标准

四川省草原科学研究院参照国家有关部门制定的獭兔商业分级标准，制定了商品獭兔的收购分级标准，供参考。

1. 一级商品獭兔

獭兔被毛平整，绒毛丰厚，毛色纯正，色泽光亮，背毛与腹毛结合较紧密，且密度、长度基本一致，无皮肤外伤，无换毛现象，体重大于3千克。

2. 二级商品獭兔

獭兔被毛较平整，绒毛丰厚，毛色纯正，色泽光亮，背毛与腹毛结合较紧密，长度基本一致，无皮肤外伤，无换毛现象，体重大于2.75千克。

3. 三级商品獭兔

獭兔被毛较平整，绒毛较丰厚，毛色纯正，背毛与腹毛密度、长度欠一致，无皮肤外伤，无换毛现象，体重大于2.5千克。

（三）香港皇朝实业有限公司獭兔皮收购标准（表7-1）

表7-1 香港皇朝实业有限公司现行獭兔皮收购标准

等 级	规 格	被毛质量
A 级	30厘米 × 40厘米	平整、丰厚、无残缺
B 级	30厘米 × 35厘米	平整、丰厚、无残缺
C 级	24厘米 × 33厘米	有小部分凹凸不平

（四）河北省天龙皮草有限责任公司獭兔皮标准（表7-2）

表7-2　獭兔皮品质等级表

等级	品质要求	尺寸	密度	绒长
特级	正季节皮，皮形完整，绒面平齐，毛色纯正，光亮平滑，背腹一致；绒面毛长适中，有弹性；无戗毛、旋毛，密度大；板质良好；无伤残	1.7平方尺以上	特密每平方厘米3万根以上	1.6~1.8厘米
A级	正季节皮，皮形完整；绒面平齐，毛色纯正，光亮平滑，背腹基本一致；绒面毛长适中，有弹性；板质好，无伤残	1.4平方尺以上	中上每平方厘米3万根以上	1.6~1.8厘米
B级	正季节皮，皮形完整；绒面平齐，毛色略有差异，光亮平滑，腹部绒面略有稀疏；板质良好；无伤残	1.0平方尺以上	适中每平方厘米2万根以上	1.5~2.0厘米
C级	正季节皮，皮形完整；毛绒略有不平，经剪毛加工后可用，腹部毛绒稀疏，板质较薄，有伤残（1厘米以下的伤残不超过2个）	0.7平方尺以上	中下每平方厘米1.6万根以上	1.5~2.2厘米
等外品	不符合特级、A、B、C级以外的皮张，属于8~27序列以内的皮张			

注：① 经过拉伸的皮张鞣制后收缩率较大。

② 自然晒风干后皮张一般情况下不收缩。

二、獭兔换毛的鉴别

獭兔的正常换毛现象是对外界环境的一种适应表现，换毛时间可分为年龄性换毛和季节性换毛。

（一）年龄性换毛

主要发生在未成年的幼兔和青年兔。第一次年龄性换毛始于仔兔30日龄，130~150日龄结束；尤以30~90日龄最为明显。据观察，120日龄以内的獭兔被毛多呈空疏、细软，不够平整，随日龄增长而逐渐浓密、平整。獭兔皮张以第一次年龄性换毛结束后的毛皮品质为最好，屠宰剥皮最合算。

第二次年龄性换毛多始于180日龄，210~240日龄结束，换毛持续时间较长，有的可达4~5个月，且受季节性影响较大。如第一次年龄性换毛结束时正值春、秋换毛季节，往往就会立即开始第二次年龄性换毛。

观察獭兔的年龄性换毛，对于确定屠宰日龄和提高兔皮质量十分重要。在良好的饲养管理条件下，獭兔的第一次年龄性换毛可于3~3.5月龄时结束，此时能形成较完美的毛被，但皮张厚度不足，韧性差。此时屠宰，皮张在鞣制过程中容易破损，制成的裘皮产品不耐摩擦，影响使用价值。因此，应在第二次年龄性换毛结束后进行屠宰，一般应在5~6月龄。年龄性换毛也受到非年龄性因素的影响，如营养水平。如果营养状况良好，提供足够的兔毛所需要的营养物质，如蛋白质、必需氨基酸，特别是含硫氨基酸和维生素等，年龄性换毛持续的时间短，换毛迅速；反之，营养不良，不仅换毛开始的时间较晚，而且持续的时间长。

（二）季节性换毛

主要是指成年兔的春季换毛和秋季换毛。春季换毛，北方地区多发生在3月初至4月底，南方地区则为3月中旬至4月底；秋季换毛，北方地区多在9月初至11月底，南方地区则为9月中旬至11月底。

换毛的早晚和持续时间的长短受到多种因素影响，如不同地区的气候差异、獭兔年龄、性别和健康状况以及营养水平等，都会影响獭兔的季节性换毛。季节性换毛的持续时间长短与季节变化情况有关，一般春季换毛持续时间较短，秋季持续时间较长。獭兔季节性换毛早晚受日照长短的影响较大。当春天到来时，日照渐长，天气渐暖，獭兔便脱去"冬装"换上"夏装"，完成换毛；而秋季日照渐短，天气渐凉，獭兔便脱去"夏装"换上"冬装"，完成秋季换毛。獭兔换毛有一个过程，即兔毛纤维的生长有一定的生长期，也就是说，兔毛并非无限期生长。獭兔的兔毛生长期只有6周，6周后毛纤维即达到标准长度，此后不再生长。獭兔的换毛是复杂的新陈代谢过程，在换毛期间为保证换毛过程的营养需要，獭兔需要更丰富的营养物质。獭兔换毛期间对外界气温条件变化适应能力差，易感冒，此时应加强饲养管理，给予丰富的蛋白质饲料和优质饲草。在獭兔的季节性换毛期间，特别是在秋季的换毛期间，对种兔的繁殖性能影响很大，应引起足够的重视。

（三）换毛顺序

据观察，獭兔的换毛顺序一般先由颈部开始，紧接着是前躯背部，再延伸到体侧、腹部及臀部。春季换毛与秋季换毛顺序大致相似，唯颈部毛在春季换毛后夏季仍不断地褪换，而秋季换毛后则无此现象。

獭兔换毛期间体质较弱，消化能力降低，对气候环境的适应能力也相应减弱，容易受寒感冒。因此，换毛期间应加强饲养管理，供给容易消化、蛋白质含量较高的饲料，特别是含硫氨基酸丰富的饲料，对被毛的生长、提高獭兔毛皮的品质尤为重要。

（四）换毛季节特征

从獭兔被毛的褪换规律可以看出，宰杀取皮季节不同，皮板与毛被的质量也有很大差异。

1. 春皮

自立春（2月）至立夏（5月），气候逐渐转暖，这时所产的皮张底绒空疏，光泽减退，板质较弱，略显黄色，油性不足，品质较差。

2. 夏皮

自立夏（5月）至立秋（8月），气候炎热，经春季换毛后已褪掉冬毛，换上夏毛。这时所产的皮张被毛稀短，缺少光泽，皮板瘦薄，多呈灰白色，毛皮品质最差，制裘价值最低。

3. 秋皮

自立秋（8月）至立冬（11月），气候逐渐转冷，且饲料丰富，早秋所产的皮张毛绒粗短，皮板厚硬，稍有油性；中秋皮张毛绒逐渐丰厚，光泽较好，板质坚实，富含油性，毛皮品质较好。

4. 冬皮

自立冬（11月）至立春（2月），气候寒冷，经秋季换毛后已全部褪换为冬毛。这时所产的皮张毛绒丰厚、平整，富有光泽，板质足壮，富含油性，特别是冬至到大寒期间所产的毛皮品质最好。

三、最佳屠宰时期

肉兔只要达到一定体重，有较理想的肉质和产肉率即可出栏，很少考虑其皮张质量如何。因为肉兔的主产品是兔肉，副产品是兔皮等。獭兔不同，其主产品是兔皮，副产品是兔肉和其他。因此，屠宰时间以皮张和被毛质量为依据。

獭兔具有换毛性，又分年龄性换毛和季节性换毛。换毛期是绝对不能屠宰取皮的。因此，獭兔的屠宰应错开换毛期。

獭兔皮板和被毛需经过一定的发育期方可成熟。被毛成熟的标志是被毛长齐，密度大，毛纤维附着结实，不易脱落；皮板成熟的标志是达到一定的厚度，具有相当的韧性和耐磨力。也就是说，在被毛和皮板任何一种没有达到成熟时，均不能屠宰。

5月龄以上商品獭兔，皮板和被毛均已成熟，是屠宰取皮的最佳时机，提前和错后都不利。对于淘汰的成年种兔，只要错过春秋换毛季节即可。但母兔应在小兔断奶一定时间、腹部被毛长齐后再淘汰。傅祥超等通过从獭兔毛囊发育、换毛规律、生长发育、季节等四个层次系统地研究了獭兔皮毛的发育和影响规律，结果表明：随着獭兔周龄增大，皮张合级率上升，到23周龄开始进入平台期，在不同季节对应各年龄春季皮张面积最大，其他季节差异不大，被毛密度冬季最好。19周龄在任何季节都不适合屠宰，21周龄在秋冬季节虽然皮张合级率不是最好，但考虑成本可以开始部分出栏，其他季节均要达到23周龄出栏是最佳的时间。

第二节　獭兔的屠宰

一、宰前准备

为了保证兔皮和兔肉的品质，对候宰兔必须做好宰前检查、宰前饲养和宰前断食等工作。

（一）宰前检查

进入屠宰场的候宰兔必须具有良好的健康体况。兽医检疫人员应首先了解候宰兔产地的疫病情况，并全部转入隔离舍饲养，做详细的临床检查和实验室诊断，经诊断确属健康的，即可转入饲养场进行宰前饲养，病兔或疑似病兔应转入隔离舍饲养。

（二）宰前饲养

候宰兔经兽医检疫人员检查后可按产地、强弱等情况分群、分栏饲养，饲料应以精料为主，青料为辅，尤以大麦、麸皮、玉米、甘薯、南瓜等最适宜。在宰前饲养中还必须限制獭兔运动，以保证休息，解除运输途中产生的疲劳和刺激，提高产品质量。

（三）宰前断食

确定屠宰的兔子，宰前断食 8 小时，只供给充足的饮水，到宰前 2~3 小时再停水。宰前断食有利于恢复兔在运输途中的疲劳。因为当獭兔处于疲劳状态，其正常的生理机能受到抑制甚至破坏，抵抗力降低，容易在屠宰时造成放血不完全，引起胴体腐败，影响肉的品质及保存时间。同时疲劳的獭兔在体组织内常积聚着新陈代谢的产物，肌肉的胶体状态发生了变化，使肌肉组织与水的结合能力减弱，水分容易损失，肉质不良。所以，獭兔在屠宰前需要一定时间的休息，这对提高产品的质量具有一定意义。

宰前要断食 8 小时以上，这是为了减少消化道中的内容物，防止在加工过程中肉质被污染，同时也便于整理内脏器官。保证獭兔在安静的环境中进行充分的休息，有利于放血彻底。另外还可使肝脏中的糖原分解成乳酸，分布于机体各部，屠宰后能迅速达到尸僵和提高酸度，从而抑制微生物的繁殖。断食还可节省饲料，降低成本。

在断食期间，应充分满足獭兔的饮水，以保证其正常的生理机能，促使粪便的排出和放血充分，可获得品质优良的产品。同时，獭兔饮水充分，有利于剥皮操作，在屠宰前 2~3 小时停止供给饮水，防止在倒挂放血时胃内容物从食道流出。

二、宰杀与剥皮

（一）处死与放血

獭兔处死的方法很多，常用的有颈部移位法、棒击法和电麻法等。

1. 颈部移位法

在农村分散饲养或家庭屠宰加工的情况下，最简单而有效的处死方法是颈部移位法。术者用左手抓住兔后肢，右手捏住头部，将兔身拉直，突然用力一拉，使头部向后扭转，兔子因颈椎脱位而致死。

2. 棒击法

通常用左手紧握临宰兔的两后肢，使头部下垂，用木棒或铁棒猛击其头部，使其昏厥后屠宰剥皮。棒击时须迅速、熟练，否则不仅达不到击昏的目的，且因兔子骚动易发生危险。此法广泛用于小型獭兔屠宰场。

3. 电麻法

通常用电压为 40~70 伏、电流为 0.75 安的电麻器轻压耳根部，使獭兔触电致死。这是正规化屠宰场广泛采用的处死方法。采用电麻法常可刺激心跳活动，缩短放血时间，提高宰杀取皮的劳动效率。

4. 放血法

将所宰兔倒挂起来，然后用小利刀割断颈部动脉血管，放出体内血液致死。放血完全可提高肉的质量和延长保存期，但容易玷污毛皮和损

伤皮张，应慎重采用。

总之，无论采取何种处死方法，都必须放净血液。因为胴体放血程度的好坏，对獭兔肉的品质和储藏起决定性作用。放血充分，肉质细嫩柔软，含水量少，保存时间长。放血不净，就会使肉中含水分多，色泽不美观，影响储存时间。根据实际操作，放血的时间应不超过 2 分钟。放血不净的原因，主要是因獭兔疲劳过度或放血时间短所致。放血不净，胴体内残余的血液易导致细菌繁殖，影响兔肉质量。

（二）剥皮

用利刀切开跗关节周周的皮肤，沿大腿内侧通过肛门平行挑开，将四周毛皮向外剥开翻转，用退套法剥下毛皮，最后抽出前肢，剪除眼睛和嘴唇周围的结缔组织和软骨。在退套剥皮时应注意不要损伤毛皮，不要挑破腿肌或撕裂胸腹肌。同时做到手不沾肉，肉不沾毛。接触毛皮的手和工具，未经冲洗或消毒不得接触肉体。

剥皮过程中应注意几个关键点：一是挑皮是从左后肢跗关节处平行挑开至右后肢跗关节处；二是从第二尾椎处去尾；三是从跗关节上方1~1.5 厘米处截断左右肢上的皮；四是注意割断腹部皮下腺体和结缔组织；五是剥离前肢腿皮前，从腕关节稍上方 1 厘米处截断前肢；六是剥离头皮后，从第一颈椎处去头。

皮板向外的筒皮剥离后，从腹部中线剪开，去掉头皮、前肢腕关节和后肢跗关节及尾部皮后呈方形待处理。

（三）剖腹和取内脏

分开耻骨联合，沿腹线正中下刀开腹，下刀不要太深，以免开破脏器污染肉体。腹部剖开后，取下盲肠、膀胱及大小肠。在取大小肠时，应以手指按腹壁及肾脏，以免兔脂肪与肾脏连同大小肠一并扯下。然后再割开横膈膜，以手指伸入胸腔抓住肺和气管，将心、肺、肝、胃一并取出。

（四）胴体修整

为了除去胴体上能使微生物繁殖、污染的淤血和残脂等，并达到洁净、完整和美观的商品要求，修整包括：修净体表和腹腔内表层脂肪；修除残余的内脏、生殖器官、各种腺体和结缔组织、颈部的血肉等，后腿内侧的大血管不得剪断，应从骨盆腔处挤出血液；修整背、臀、腿部等主要部位的外伤，修除各种瘢疤、溃疡等。用洗净消毒后的毛巾擦净肉体各部位的血和浮毛，或用高压自来水喷淋肉体，冲去血污和浮毛，转入冷风道沥水冷却。

第三节　獭兔产品加工与贮存

一、兔肉产品加工与贮存

（一）兔肉的营养价值

兔肉具有特殊的食用价值，是理想的保健、美容、滋补肉食品，堪称肉中之王，深受人们的欢迎。我国四川、福建、江西等省和日本、欧洲各国素有食兔肉的传统习惯。在我国民间，历来将兔肉或兔肉药膳作为病人康复及产妇的滋补佳品。《本草纲目》记载："兔肉性寒味甘，具有补中益气，止渴健脾，凉血解热毒，利大肠之功效。"宋朝苏东坡称兔肉为"食品之上味"。俗话说："飞禽莫如鸪，走兽莫如兔"和"要吃两条腿的鸪，四条腿的兔"。自古以来，对兔肉就给予很高的评价。

与其他肉类相比，兔肉具有"三高"、"三低"的营养特点。"三高"即兔肉中蛋白质含量高和矿物质含量高，人对兔肉的消化率也高；"三低"即脂肪和胆固醇含量低，能量也低。兔肉与其他肉类营养成分比较见表7-3。

表7-3　兔肉与其他肉类营养成分比较

肉类	水分（%）	能量（兆焦/千克）	蛋白质（%）	脂肪（%）	碳水化合物（%）	无机盐（%）	赖氨酸（%）	烟酸（毫克/100克）	胆固醇（毫克/100克）	消化率（%）
兔肉	66.58	6.7	21.37	9.76	0.77	1.52	9.6	12.8	65	85
猪肉	56.1	12.8	15.54	26.73	0.91	0.72	3.7	4.1	125	75
牛肉	62.91	12.6	20.07	15.85	0.25	0.92	8.0	4.2	105	55
羊肉	64.17	11.0	16.35	17.98	0.31	1.19	8.7	4.8	60	68
鸡肉	71.32	5.1	19.5	7.8	0.42	0.96	8.4	5.6	60~90	50

1. 蛋白质含量高、质量好

据测定，鲜兔肉中蛋白质含量约占21.37%，若以干物质计算，兔肉中蛋白质含量高达70%以上，比猪肉、羊肉、鸡肉、牛肉的蛋白质含量都高。兔肉中含有多种氨基酸，其中含有人体不能合成的8种必需氨基酸，是完全蛋白质，可维持健康和促进生长。兔肉中赖氨酸（9.6%）和色氨酸（1.8%）的含量也都高于其他肉类。这两种必需氨基酸，在以大米、小麦或其他禾本科籽实为主粮最容易缺乏。

2. 脂肪含量低

鲜兔肉中仅含9.76%的脂肪，若以干物质计算，脂肪含量为27%左右，低于猪肉、牛肉和羊肉，略高于鸡肉。而且兔肉中含磷脂高而含胆固醇低，磷脂与胆固醇之比为25：1或19：1。若血液中磷脂多，而胆固醇少时，胆固醇沉积在血管中的可能性就小，动脉粥样硬化的机会也就相应减少。因此，兔肉对高血压、肥胖症、老年人、动脉粥样硬化的病人、冠心病患者等都是一种比较理想的肉食品。

3. 矿物质含量高

鲜兔肉中的无机盐含量高于其他肉类，尤以钙的含量丰富，有利于儿童的骨骼发育，据测定，兔肉中钙含量为0.026%，牛肉为0.024%，鸡肉为0.015%，而猪肉只有0.006%。所以兔肉又是儿童、产妇、老人和病人很适宜的营养食品。

4. 维生素含量以烟酸最多

人体如缺乏烟酸，会使皮肤粗糙，发生皮炎，故常吃兔肉会使人体皮肤细腻白嫩，有美容作用。所以，日本和西欧将兔肉称为"美容肉"。每100克兔肉中含烟酸12.8毫克，高于一般肉类。

5. 碳水化合物含量高

兔肉中含有0.77%的碳水化合物，高于牛肉（0.25%）、羊肉（0.31%）及鸡肉（0.42%）等。

6. 肌纤维细嫩、容易消化

兔肉中的肌纤维与其他肉类相比，比较细嫩且易消化，其消化率高达85%以上，远远高于牛、羊、猪、鸡等肉类，且可食部分较多，占82%~87%。

另外，人类营养所必需的18种氨基酸以及矿物质、维生素等在兔肉中也很丰富，尤其赖氨酸、色氨酸、维生素 B_1、维生素 B_2 和烟酸等B族维生素均为各类肉品之首，所以兔肉堪称为人类的滋补、保健食品，也是美容食品，具有延年益寿、促进儿童生长发育的作用。

（二）兔肉分级与分割

1. 带骨兔肉按重量分级

特级：每只净重1 500克以上。

一级：每只净重1 001~1 500克。

二级：每只净重601~1 000克。

三级：每只净重400~600克。

2. 按部位分割兔肉

前腿：在胸腰椎间切断，沿脊椎骨中线切开分成两只，去净脊骨、胸骨和颈骨。

背腰：从第10~11肋骨间向后至腰间处切断，除去肋骨。

后腿：切去腰背后，沿荐椎中线切开分成两半，除去腰椎和荐椎。

（三）兔肉的成熟

屠宰后，獭兔肉的内部发生了一系列的变化，使兔肉变得柔软、多汁，并产生特殊的滋味和气味，提高肉的可食性和加工价值，这一过程称为肉的成熟。肉的成熟提高了肉的消化吸收率，还可抑制微生物繁

殖，便于保存。从营养角度、卫生观点和经济方面来评价都具有重要意义。肉成熟主要包括尸僵和自溶过程。尸僵阶段是宰后胴体变硬过程，在10℃以下，湿度为75%的条件下，宰后36小时，兔胴体外观特征变硬，肉滤液混浊，熟肉口感粗糙。这一阶段兔肉中葡萄糖大量分解，乳酸脱氢酶活性随氧气供给中断而增强，乳酸含量增加，pH值下降至5.5左右时，逐渐接近蛋白质的等电点，肌肉蛋白质容易水解，组织蛋白酶的活性显著增强。自溶阶段，胴体僵硬后肌肉内的化学变化过程并未停止，乳酸含量开始降低，动物本身组织蛋白酶分解作用增强，产生多种氨基酸，并放出极微量含硫化合物，pH值在5.75~5.90范围内波动，挥发性盐基氮含量增加，但总含量仍低于国家规定的新鲜肉的挥发性盐基氮含量标准。自溶阶段外观表现为肌肉松弛、缺乏弹性、无光泽、略带酸味，同时兔肉所特有的一种"兔腥味"明显降低。这一过程在温度10℃以下，湿度在75%以下，约在宰后72小时内完成，如果存放温度低，则所需时间更长。对于兔肉成熟的时间除了从外观特征、pH值变化曲线及嗅觉评定几方面综合考虑外，挥发性盐基氮的测定也很重要。在成熟阶段的挥发性盐基氮变化范围很小，总量小于150毫克/千克肉样。如果超过这一范围，表明外界微生物作用已开始明显，兔肉朝着次鲜肉及腐败方面发展；如果挥发性盐基氮含量超过200毫克/千克肉样，则表明兔肉已进入腐败阶段，不能食用。肉的成熟过程与温度、湿度密切相关，在室内常温（18℃）条件下需经2昼夜。但当温度升高到29℃时，成熟过程加快，只需数小时。有些肉类加工厂通常把胴体放在温度2~4℃、相对湿度80%~85%的冷库（或冰柜）内保存2~3昼夜即达成熟。

（四）冻兔肉加工与贮存

1. 冻兔肉生产工艺

宰杀后的兔肉易受到有害微生物（如细菌、霉菌、酵母）的侵蚀导致兔肉腐败。经过冷冻保存的兔肉可以抑制微生物的生长、繁殖，还可以促进兔肉物理、化学变化而改善肉的品质，具有色泽不变、品质良好等特点。

冻兔肉生产工艺流程为：原料→修整→复检→分级→预冷→过磅→包装→速冻→成品。

2. 原料肉处理及分级

进入冷冻加工厂的原料肉必须新鲜，放血干净，经剥皮、截肢、割头、取内脏和必要的修整后，卫生检验合格后按市场要求进行分级处理。

3. 预冷

预冷是为了迅速排除胴体内部的热量，降低胴体深层温度并在胴体表面形成一层干燥膜，防止微生物的生长和繁殖，延长兔肉保存时间，减缓胴体内部的水分蒸发。冷却温度维持在 −1~0℃，相对湿度控制在 85%~90%，经 2~4 小时即可进行包装。

4. 包装

目前，我国出口的冻兔肉，包装要求如下。

带骨或分割兔肉均按不同级别，用不同规格的塑料袋套装。外用塑料或瓦楞纸板包装箱，箱外应印刷中、外文对照字样（品名、级别、重量及出口公司等）。上海产的纸箱内径尺寸是：带骨肉为 57 厘米 × 32 厘米 × 17 厘米，分割兔肉为 50 厘米 × 35 厘米 × 12 厘米。

带骨兔肉或分割兔肉，每箱净重均为 20 千克，分割兔肉包装前应先称取 5 千克为一堆，整块的平摊，零碎的夹在中间，用塑料包装袋卷紧，装箱时上下各两卷成"#"字形，4 卷再装入聚乙烯薄膜袋。每箱兔肉重量相差不得超过 200 克。

带骨兔肉装箱时应排列整齐、美观、紧密，两前肢尖端插入腹腔，用两侧腹肌覆盖；两后肢须自然弯曲，使形态美观，以兔背向外，头尾交叉排列为好，尾部紧贴箱壁，头部与箱壁间留有一定空隙，以利于透冷、降温。

箱外包装带一般用塑料，宽约 1 厘米。包装带必须洁净，不能有文字、图案、花纹。不宜采用纸带，以防速冻或搬运时破损、散落。

箱外需打包带 3 道，即横一竖二，切勿因横面操作不便而不加包带。五分包带需用五分包扣，切忌五分包带用四分包扣，或四分包带用五分包扣，以防箱边破损，兔肉外漏。

5.冷冻

（1）冷冻设施　目前，我国冻兔肉加工厂多采用机械化或半机械化作业，其工艺水平和卫生标准已达国际要求。

冷冻加工间主要包括冷却室、冷藏室和冻结室等。规模中等的冻兔肉加工厂，室内应装有吊车单轨，轨道之间的距离一般为600~800毫米，冷冻室的高度为3~4米。

为了减轻胴体上微生物的污染，除屠宰过程中必须注意外，冷冻室中的空气、设施、地面、墙壁等，乃至工作人员，均应保持良好的卫生条件。在冷冻过程中，与胴体直接接触的挂钩、铁盘、布套等只能使用一次，在重复使用前，须经清洗、消毒、干燥后再用。

（2）冷却条件　主要是指温度、湿度、空气流速和冷却时间等。

兔肉冷冻，首先是肌肉纤维中水分与肉汁的冻结，然而冻兔肉的质量则与冻结温度与速度有很大关系。在不同的低温条件下，兔肉的冻结程度不同，通常新鲜兔肉中的水分在 -1~$-0.5℃$ 开始冻结，-15~$-10℃$ 时完全冻结（表7-4）。

表7-4　兔肉在不同温度下的冻结程度

肉温（℃）	-0.5	-1	-1.5	-2	-2.5	-3	-3.5	-4	-5	-6	-7	-8	-9	-10	-15
冻结程度（%）	2.0	10.0	29.5	42.5	53.5	61.0	66.0	71.0	78.0	83.0	87.0	91.0	94.5	100	100

据测定，冷却过程中，冷却初期因冷却介质（空气）和胴体之间的温差较大，冷却速度较快，胴体表面水分蒸发量在前1/4时间内，约占总蒸发量的1/2。因此，空气的相对湿度也要求分为两个阶段，即冷却初期的1/4时间，相对湿度以维持95%以上为宜；冷却后期的3/4时间内，相对湿度应维持在90%~95%；冷却临近结束时，应控制在90%左右。2~4小时后，进行包装入箱。

空气流速是影响冷却时间和程度的又一重要因素。一般冻兔肉在冷却时，空气流速以2米/秒为宜。

（3）冷却方法　目前我国冻兔肉加工厂大都采用速冻冷却法，速冻间温度应在 $-25℃$ 以下，相对湿度为90%，速冻时间一般不超过72小时，肉温达 –15℃时即可转入冷藏，贮存待运。

无冷却设施的小型加工厂，应配备适量的风扇或排风扇，炎热季节必须设法使肉温低于20℃，然后直接送入速冻间速冻，使肌肉纤维中的水分和肉质全部冻结。

6. 冷藏

为保持肉温不上升，已经冻结的兔肉需在冷藏间贮存待运。

合理的冷藏条件是：冷库温度 –19~–17℃，相对湿度90%。冷库内温度升降幅度一般不超过1℃，在大批量进出货物过程中，一昼夜升温不得超过4℃，空气流动以自流、对流为好。如温度忽高忽低，易造成肉质干枯和脂肪发黄而影响质量。

冷藏时堆放的方法是：长期冷藏的冻兔肉应堆放成方形堆，地面应用不通风的木板衬垫，衬垫高约30厘米，堆高2.5~3米，在冷库容积和地坪负荷允许的条件下，堆放的体积和密度越大越好，冷库的堆装量越多越好，以提高冷库的利用率。

肉堆与周围墙壁、天花板之间应保持30~40厘米的距离，距冷却管40~50厘米，肉堆与肉堆之间保持15厘米的间距，冷库中间运送小车通道一般不少于2米。

冻兔肉的冷藏期限，主要取决于冷藏温度和原料类型等。实践证明，冷库温度愈低，保藏期愈长。在 –4℃冷库中，保藏期仅35天；–5℃保藏期为42天；–12℃保藏期可达100天。出口冻兔肉如能保藏在 –19~–17℃条件下，则能保藏6~12个月。

为保持肉质新鲜，防止因冷库贮存过久而影响兔肉品质，一般要求尽量缩短冷藏时间。值得指出的是，在兔肉加工和保存过程中，要严防被腐败菌污染和兔肉腐败变质。若在10℃左右的环境中一昼夜不通风，便可造成兔肉成批变质。温度越高，腐败越快。

兔肉变质的原因主要是蛋白质分解和脂肪酸败。

（1）蛋白质分解　兔肉是微生物的良好培养基，它含有微生物繁殖所需要的丰富物质，适宜腐败菌的生长与繁殖。由于这些腐败菌类的迅速繁殖，会将蛋白质中的精氨酸、组氨酸、赖氨酸、色氨酸等分别脱羧生成腐胺、组胺、尸胺，色胺（吲哚乙胺）及粪臭素等，这些胺类对

人类都有毒，使兔肉产生腐臭气味。

（2）脂肪的酸败　兔肉的脂肪主要是氧化水解，称为"酸败"。在空气的存在下，脂肪分子中的不饱和键会发生氧化反应。光线、温度、水分和某些金属及它们的氧化物的存在会加快这个反应。

脂肪经过进一步氧化水解后，不饱和脂肪酸败的产物有醛类、酮类、过氧化物、醇类及酸类等。其中的过氧化物，还会将兔肉中的维生素（特别是维生素 A、维生素 E、维生素 C）及谷胱甘肽破坏。

腐败后的兔肉脂肪产生辛辣、刺鼻、腥、发霉等厌恶气味，营养遭到破坏。

微生物的活动虽然能导致兔肉的腐败变质，但微生物的生命活动只能当外界条件最适宜时才能达到最高限度，否则，其生长发育会受到抑制。因此，应在兔肉生产过程中加强生产环节的卫生工作，避免兔肉的污染，使兔肉能长期保藏，不至于腐败变质。

从实际经验和效果来看，低温保藏兔肉比较适宜，低温不但可以抑制微生物活动，防止兔肉腐败，并且还能减慢氧化酶活动强度，同时还能较好地保持兔肉的色、香、味和营养，因此，在兔肉生产上广泛采用冷冻法。

二、兔皮产品加工与贮存

獭兔皮板轻柔，被毛绒密，外观华丽，保暖性强，可与水獭皮媲美，是取代野生兽裘皮的高档原料。

（一）兔皮的组织构造

生皮除毛纤维外，可分 3 层，即表皮层、真皮层和皮下层。

1. 表皮层

位于皮肤的最外层，可分角质层、透明层、颗粒层、生皮层等四层。

（1）角质层　为角质化变硬的细胞层，逐渐变成皮屑自行脱落。

（2）透明层　在角质层下面，由颗粒层细胞上移而形成，细胞排列紧密，它是枯死的细胞。

（3）颗粒层 由生皮层往上移动而形成，组成的细胞局部失去水分而呈颗粒状。

（4）生皮层 即生长层，是表皮最下层，在动物生存时，由具有细胞核与繁殖能力的线状新生细胞所组成。

2.真皮层

位于表皮以下、皮下组织以上的部分。它是一种厚而致密的结缔组织，由不同的胶原纤维、弹性纤维和网状纤维所构成。胶原纤维是组成生皮的主体，弹性纤维和网状纤维在真皮中都比较少。真皮层可分为乳头层和网状层。

（1）乳头层 乳头层与表皮的下层相互嵌入，呈乳头状，一般以毛根和汗腺的下限处为界。在这层内有可调节体温的汗腺和皮脂腺，所以又叫恒温层。

（2）网状层 该层的皮纤维和纤维束比乳头层的粗大，编织紧密如网。

3.皮下组织

皮下层又称为肉层，是一层松软的结缔组织，由排列疏松的胶原纤维和弹性纤维构成，纤维之间包含许多脂肪细胞、神经、肌肉纤维和血管等。

4.毛纤维

毛纤维是兔体皮肤角质化的衍生物，属于天然蛋白质纤维。獭兔的毛纤维分为3种类型，即戗毛、绒毛和触毛。戗毛（针毛）长而粗，绒毛短、细而密，在嘴边长有长而硬的触毛，有触觉作用。毛分为毛根、毛干和毛球3部分，毛干露在皮肤外面，毛根插在皮肤的毛囊内，毛根的末端膨大称为毛球，深入毛球内部的结缔组织称为毛乳头，包围毛根的上皮组织和结缔组织构成毛囊。在毛囊的一侧，大部分有一条平滑肌束，称为竖毛肌。

（二）兔皮组织构造的特点

獭兔皮组织构造上的特点主要是：真皮、乳头层发达，由平行排列的胶原纤维束构成。在真皮下部 1/3 处有些强壮而显著的肌肉组织层，

俗称肉里。细致的生胶质的结缔组织多为横向编织的，只有在臀部及腹部才被顺着纤维发展方向填入的脂肪组织所中断。

獭兔皮板的季节性变化不像野生动物皮明显，但可以确定有3种变化季节，即冬、春、夏和秋。冬季变化使整个真皮最薄，而其胶原纤维变得最细，真皮网状层发达，表皮的生发层较薄，胶化层发达。春、夏季变化，自2月开始，其特点是表皮的生发层和真皮层都发育变厚，同时换毛。由8月开始进入秋季变化时期，此时由于新毛的生长过渡到冬季变化时期。

（三）兔皮的化学组成

生皮的基本组成物是蛋白质，另外还有水分、脂肪和类脂、矿物质、碳水化合物及微量的酶、维生素和非蛋白质含氮物。

1.生皮的非蛋白质

（1）水分　生皮中含水60%~75%。幼龄皮比老龄皮含水量多，母兔皮比公兔皮含水量多；组织紧密部位含水量少，表皮角质层含水量少，真皮层含水量最多。

（2）脂肪　鲜皮中的脂肪含量占皮重的10%~20%，主要存在于表皮层、乳头层和皮脂腺中，其次为网状层和皮下组织中。脂肪对兔皮的加工鞣制有极大影响。所以，含脂过多的生皮，在鞣制加工前必须进行脱脂处理。

（3）矿物质　矿物质含量甚微，为鲜皮重的0.35%~0.5%，以食盐最多，还有磷酸盐、碳酸盐及硫酸盐等。除铁外，其他盐类对加工影响不大。

（4）碳水化合物　鲜皮中碳水化合物含量占皮重的1%~5%，从真皮层到表皮层，从细胞到纤维均有分布，其中有葡萄糖、半乳糖、甘露糖和岩藻糖等单糖及糖原和黏多糖等。酸性黏多糖在基质中具有润滑和保护纤维的作用。

（5）含氮物质　在生皮中的非蛋白含氮物含量甚微，其中有尿酸、肌酸、尿素、嘌呤碱和游离氨基酸等。

2. 生皮的蛋白质

组成生皮的蛋白质，有非结构和结构蛋白质。在非结构蛋白质中，有简单蛋白质，如白蛋白、球蛋白等，结合蛋白如黏蛋白、类黏蛋白等，纤维间质及生皮中的酶等。白蛋白、球蛋白、黏蛋白、类黏蛋白等组成的基质，是无一定形态的胶状物质，类似凝胶；它们浸润着纤维束并透入其内部，起着润滑纤维的作用；但当生皮干燥后，便使纤维粘着，改变生皮的物理性状。在毛皮生产过程中，要把基质除掉，否则会影响成品质量，甚至引起裂面。基质容易受细菌作用而腐烂。

在皮和毛中有一些黑色和棕色的色素，称为黑色素，它是色素与蛋白质结合的结合蛋白质。氧化剂具有破坏黑色素与蛋白键的能力，这就是氧化剂（如过氧化氢）能用于黑色皮毛褪色的一个原因。

在生皮中有多种多样的酶，如蛋白酶（分解蛋白质）、酯酶（分解脂肪）、卵磷脂酶（分解磷脂）和固醇脂酶（分解固醇脂）等。当生皮自动物体剥下后，这些酶便有分解蛋白质的破坏（自溶）作用，将生皮分解为脲胨和多肽，由固体分解为液体。因此，剥下生皮要注意保存。

在结构蛋白质中，主要有胶原、弹性硬蛋白和角蛋白。

胶原：是重要的结构蛋白质，是皮内含量最多的一种蛋白质，占真皮蛋白质的90%~95%。胶原构成胶原纤维，它不溶于水及盐水溶液、稀碱、酒精，但加温到70℃时变成明胶而溶解。所以，在加工过程中，应尽量避免它的损失。

弹性硬蛋白：是构成弹性纤维的主要成分，不溶于水、稀酸与稀碱。胰蛋白酶有溶解它的性能。所以在加工过程中利用此特性除去此蛋白质，以增加其柔软和伸长性。

角蛋白：因角化程度不同，角蛋白可分为前角蛋白（又称软角蛋白）和真蛋白（又称硬角蛋白），是表皮和毛的主要成分，属于不溶性的硬蛋白质。一般说来，角蛋白是一种比较不容易受化学药剂及物理作用影响而分解的物质，因此，在加工过程中，应予以重视。

（四）獭兔皮的初步加工

刚从兔体上剥下的生皮叫鲜皮。鲜皮含有大量水分、蛋白质和脂

肪，极适于各种微生物繁殖，如不及时进行加工处理，就很有可能腐败变质，影响毛皮品质。

1. 清理

剥下的生皮，常带有油脂、残肉和血污，不仅影响毛皮的整洁和贮存，而且容易造成油烧、霉烂、脱毛等伤残，降低使用价值，应及时清理。一般是将獭兔皮被毛朝下，皮板朝上，平整铺放在清洁的平台上，用钝刀或刀背先从皮边缘往里刮，再从尾部往头部刮，直至将皮板上的油脂、残肉、韧带、乳腺等刮尽。清理中应注意以下3点。

① 清理刮脂时应展平皮张，以免刮破皮板。

② 刮脂时用力应均衡，不宜用力过猛，以免损伤皮板，切断毛根。

③ 刮脂应由臀部向头部顺序进行，如逆毛刮脂，易造成透毛、流针等伤残。

2. 消毒

在某些情况下，原料皮可能遭受各种病原微生物的污染，为了防止传染源的扩散和传播，在原料皮加工前，可用甲醛熏蒸消毒，或用2%盐酸和15%食盐溶液浸泡2~3天，可达到消毒的目的。

3. 防腐

鲜皮防腐是毛皮初步加工的关键，防腐的目的在于促使生皮造成一种不适于细菌作用的环境。獭兔皮腐败的主要原因如下。

细菌作用：兔皮上经常附着几十种细菌，在温度（20~37℃）、酸度适宜的情况下，分解蛋白质的腐败菌快速繁殖，使鲜皮被分解。如夏季炎热时，鲜皮经2~3小时即开始腐烂。

酶的作用：在放置的最初几小时内，鲜皮就有自溶（发酵）作用。这种作用是由皮中的酶所引起。皮中所含的酶，在獭兔活着的时期，具有促进皮组织的合成和分解作用，且这种作用是平衡的。在兔死亡之后，这种酶就只能促使皮组织分解，即产生自溶作用。

细菌和酶都会促使皮组织分解，轻者可使生皮变质，重者则造成生皮腐败。所以，从兔体上剥下来的鲜皮，若不能及时加工处理，就应在冷却1~2小时后立即进行防腐处理。

　　防腐的目的，在于促进生皮造成一种不适于细菌和酶作用的环境。如降低温度，除去或降低鲜皮中的自由水分，利用防腐剂、消毒剂或其他化学药品等处理，借以防止细菌或酶对生皮的作用。

　　目前常用的防腐方法主要有干燥法、盐腌法和盐干法等 3 种。

　　（1）干燥法　即通过干燥使鲜皮中的含水量降至 12%~16%，以抑制细菌繁殖，达到防腐的目的。这是一种降低皮肉水分、阻止细菌活动的最简单的防腐措施。有的地区把用这种方法制成的干皮称为甜干皮或淡干皮，以区别盐干皮。其具体作法是：在自然干燥时，将鲜皮按其自然皮形，皮毛朝下，皮板朝上，贴在草席或木板上，用手铺平，呈长方形，晾在不受日晒的通风阴凉处，不要放在潮湿的地面上或草地上。在干燥过程中要严防雨淋或被露水浸湿，以免影响水分的蒸发。干得过慢，不利于抑制细菌的有害作用，易导致生皮全面变质。同时也不要放在烈日下直晒，或放在晒热了的沙砾地或石头上。因其温度过高，干得过快，会使表层变硬，影响内部水分的顺利蒸发，造成皮内干燥不匀。同时，过高的温度也会使皮内层蛋白质发生胶化，在浸水时容易产生分层现象。同时经过烈日暴晒的生皮，皮上附着的脂肪，就会熔化并扩散到纤维间和肉面上，使浸入更加困难。

　　干燥法的优点：方法简便，成本低，分量轻，皮板洁净，便于运输。缺点是：只适合干燥地区和干燥季节采用，皮板僵硬，容易折裂，难于浸软，且贮藏时易受虫蚀损失。干燥不当时易使皮板受损，在保管过程中容易发生压裂或受昆虫侵害，搬运时附在上面的尘土容易飞扬，对工作人员健康不利。

　　（2）盐腌法　即利用干燥食盐或盐水处理鲜皮，用食盐吸出皮内水分并抑制细菌繁殖，达到防腐的目的，是防止生皮腐烂最普通、最可靠的方法。用盐量一般为皮重的 30%~50%，将其均匀撒布于皮面，板面对板面堆叠 1 周左右，使盐溶液逐渐渗入皮内，达到防腐的目的。

　　盐腌晾晒后的干盐皮优点是：皮板多呈灰色，紧实而富有弹性，始终含有一定水分，适于长时间保管，不易生虫；缺点是：阴雨天容易回潮，用盐量较多，劳动强度较大。因此在阴雨季节须密封仓库，以免潮气侵入。

（3）盐干法　这是盐腌和干燥两种防腐法的结合，即先盐腌后干燥，使原料皮中的水分含量降至20%以下，鲜皮经盐腌，在干燥过程中盐液逐渐浓缩，抑制细菌活动，达到防腐的目的。

盐干皮的优点是便于贮藏和运输，遇潮湿天气不易迅速回潮和腐烂。主要缺点是干燥时胶原纤维束缩短，皮内又有盐粒形成，可能影响真皮天然结构而降低原料皮的质量。

獭兔皮经防腐处理晾干后，毛对毛、板对板叠放，分颜色和等级以每20张或50张捆成捆，注明颜色、数量和等级后，装入洁净的麻袋中贮存。

（五）獭兔皮贮存

1．对仓库及设备的要求

仓库应设在地势较高的地方，库内要通风隔热、防潮，最适宜的相对湿度为50%~60 %，温度10℃，最高不得超过30℃。要有充足的光线，但又要注意避免阳光直接晒在皮张上。库内在适当位置要放置温度计和湿度计，以便经常检查库内的温度和湿度变化，有条件的单位，最好安装通风设备，以便及时调节库内空气。

2．入库前的检查

在原料皮入库前要进行严格的检查。没有晾晒干或带有虫卵以及大量杂质的皮张，必须剔出，再经晾晒、加工整理或药剂处理后方能入库。

3．对货垛的要求

在库房内，同品种皮张必须按等级分别堆码。垛与垛、垛与墙、垛与地之间应保持一定距离，以利通风、散热、防潮和检查。张幅较小、较珍贵的皮张，一般要求使用木架或箱、柜保管。每个货垛都应放置适量的防虫、防鼠药剂。如果在一个库房内保管不同品种的皮张，货位之间要隔开，不能混垛。盐干板与淡干板必须分开保管。

露天保管时，垛位距离地面要高一些，货垛四周应有排水渠道，并用苫布等盖严，以防雨淋。

4. 库房管理

储存原料皮，应本着以防为主、防治结合的原则，加强库房管理，经常检查，一般每月检查 2~3 次，发现问题，及时采取有效措施。

防潮防霉：因原料皮具有吸湿性，遇到阴雨天气，空气潮湿，易返潮、发热和发霉，发现皮张回潮，应及时晾晒。原料皮返潮发霉的表现是：皮板与毛被上产生一种白色或绿色的醭，轻的有霉味，局部变色；重的皮板变为紫黑色，板质已受损伤。因此，应有通风、防潮的设备，并要采取各种控制与调节空气湿度的措施。

防虫、防鼠：特别是春、夏季节，各种害虫容易繁殖，獭兔皮在春、夏季容易被虫蛀。因此，应经常保持仓库内外环境卫生。在皮张入库上垛前，应在皮板上洒防虫药剂，如精萘粉、二氯化苯等。如在库内发现虫迹，要及时翻垛检查，采取灭虫措施，可直接喷洒灭害灵等。

目前，一般采取以下两种杀虫方法：一种是将生虫的皮张拿到库外，在离库房较远的地方，用细竹竿或藤条敲打，使皮虫落地，随即踏死，然后逐张喷洒杀虫药剂。另一种是用磷化锌熏蒸。使用后一种方法时，仓库要密封，或用一块大型塑料布盖严货垛。用药量以每立方米货位用磷化锌 3~5 克。用药比例：磷化锌 1 千克，硫酸 1.7 千克，小苏打 1 千克，水 15~20 千克。操作方法是：先用塑料布盖好货垛，四周下垂并盖住地面，然后用土压埋，只留一个投药口。操作人员必须先戴好防毒面具、耐酸手套和围裙，然后开始工作。在投药口内，放一个配药缸。先按比例把水放在缸里，将硫酸轻轻倒入缸中（要避免硫酸四溅发生危险），再将所需磷化锌和小苏打拌匀，装入小布袋并封好袋口，将布袋轻轻投入缸中，于是开始产生毒气。投药后密封，72 小时即能把皮虫杀死。操作时要十分小心，切忌磷化锌与硫酸直接接触，以免起火。投药后要注意观察，严防其他人员接近货位发生中毒。

要注意防鼠。如发现库内有鼠洞，可用水泥拌碎玻璃或碎瓷片封堵，也可采取诱杀的办法灭鼠。一般采取配制毒饵的方法较多，其效果较好。使用比较安全的是：在面粉或米饭、油条等食品中加入灭鼠药，放于库内老鼠常出没地方。还可以采用器械捕杀的办法，一般用捕鼠夹、捕鼠笼和碗扣法等。毒饵和器械交替使用，效果更好。

（六）包装与运输

基层收购的原料皮，大多数是零收整运，发运时必须重新包装。

1. 兔裘皮原料皮的包装

制裘兔皮张幅都比较小，而且皮板较薄，毛被洁净，颜色鲜艳，要忌尘土污染和阳光照射。这类皮张品种较多，规格也比较复杂，因此在打捆时，要按品种、等级、尺码大小等分别打捆，可每50张一捆，也可每100张打一捆，每捆打两道绳，然后装入木箱或洁净的麻袋里，并撒入一定量的防虫药剂。在包装物上注明品种、等级和数量。

2. 兔皮运输

兔皮运输，必须有防雨设备，以免中途遭受雨淋，而且在运输之前，要进行严格的检疫和消毒，以防病菌传播。

第四节　产品检验与处理

一、肉产品检验与处理

（一）内脏检验

内脏检验是兽医卫生检验工作中的重要一环，是宰前检验的继续和补充。

1. 检验技术

以肉眼检查为主。为便于固定和翻转内脏，避免检验人员直接接触可用长犬齿镊和小型尖剪刀进行工作。

2. 检验程序

（1）肺部检验　主要观察色泽、硬度和形态，注意肺及气管有无炎症、水肿、充血、出血、溃烂、变性及化脓等病理变化，无须剖检支气管和淋巴。

（2）心脏检验　主要观察心外膜有无炎症、出血点，心肌有无变性，心囊液的性状是否正常等。

（3）肝脏检验　重点检查肝脏硬度、色泽、大小，肝组织有无白色或淡黄色的小结节，特别要注意观察肝脏表面及切面有无脓肿及坏死灶，肝导管及胆囊有无发炎及肿大，胆囊及胆道有无寄生虫。

（4）脾脏检验　检查有无肿大、出血、坏死、化脓及结节变化。

（5）肾脏检验　观察其颜色、大小，有无肿瘤、出血、脓肿、囊肿和变性等。

（6）胃肠检验　主要观察其浆膜上有无炎症、出血、脓肿等病变，检查肠系膜淋巴结有无肿胀、出血，胃黏膜有无充血、炎症，盲肠蚓突及回肠与盲肠连接处有无灰白色小结节。

（二）胴体检验

胴体检验是屠宰加工中的重要环节，是提高产品质量，保障人体健康，防止兔病传播的重要措施之一。主要检验胴体表面是否完整，放血程度，有无疑征、化脓、外伤等。放血良好的肉质呈淡粉红色，肌肉切面干燥无血珠渗出；放血不良的肉质呈深红色或暗红色，内表面湿润，肌肉切面常有小血珠渗出。其次检查肌肉状况，主要检查胸腹腔有无病变，四肢内侧有无脓肿、创伤及坏死等病变，颈、背部、四肢外侧、腹侧以及臀部的肌肉有无创伤、出血、坏死等；体表淋巴结有无肿胀；肌肉的色泽和断面状态。

检验后应按食用、不适合食用、高温处理等分别放置，在检验过程中，除胴体上小的伤斑应进行必要的修整外，一般不应划破肌肉，以保持兔肉的完整和美观。

（三）兔肉的新鲜度检验

对于兔肉品质的检验，目前常用感官检验法和生物化学检查法。兔肉的新鲜度检验通常依感官检验进行。

1. 感官检验法

参照兔肉的色泽、黏度、弹性、气味、煮沸后肉汤的情况加以判断。兔肉感官质量指标见表7-5。

表7-5 兔肉感官质量指标

项目	新鲜兔肉	次鲜兔肉	变质兔肉
色泽	肌肉有光泽，红色均匀，脂肪洁白或淡黄色	肌肉色稍暗，切面尚有光泽，脂肪缺乏光泽	肌肉色暗，无光泽，脂肪呈灰色或黄绿色
黏度	外表微干或有风干膜，不粘手	外表干燥或粘手，新切面湿润	外表高度干燥或粘手，新切面呈深灰色、浅绿色，指压粘手
弹性	指压后凹陷立即恢复	指压后凹陷恢复慢，且不能完全恢复	指压后凹陷不能恢复，留有明显痕迹
气味	具有鲜肉的正常气味	稍有氨味或酸味	兔肉表面到深层都有腐败气味
煮沸后肉汤	透明澄清，脂肪团聚于表面，具有特有芳香味	稍混浊，脂肪呈小滴浮于表面，香味差或无鲜味	污浊并带有白色或黄色絮状物，散发恶臭和腐败气味，几乎没有脂肪滴

在感官检验中气味识别是一项重要指标，但兔肉极易吸收周围环境的气味，给依据气味判断兔肉新鲜度带来困难。如将新鲜肉与腐败肉放在一起时，新鲜肉容易吸收腐败气味。鉴于兔肉的这一特性，可在感官检验的气味识别中采用一些辅助方法。

（1）把肉切成小块，放入盛有冷水的三角烧杯内，用硫酸纸盖紧，加热煮沸，刚沸腾时将盖打开，嗅其气味。

（2）将清洁的尖刀放在沸水中加温，迅速刺入肉内，然后拔出嗅其气味。

（3）冷冻的腐败肉不易放散气味，检查时用刀砍下一小块，使其融化后再用热水浇淋，嗅其形成的水气，就可发现冷冻腐败肉的腐败气味。通过上述方法可提高感官检验的准确度。

2. 生物化学检查法

以新鲜肉的数值为基础，判断肉腐败的大致标准为：pH 值 >6.2，挥发性盐基氮 >25 毫克 /100 克肉样，氨基氮 >100 毫克 /100 克肉样，

TBA 值 >0.5，细菌数 >10 个 / 克肉样。在评价各种检验方法时，研究人员认为挥发性盐基氮在肉的变质过程中，能有规律地反映肉品质量鲜度变化，新鲜肉、次鲜肉和变质肉之间差异非常显著，并与感官变化一致，是评定肉品质量鲜度变化的客观指标。pH 值的测定，不能反映出新鲜肉与次鲜肉之间的差别，而且，采样部位不同，差异非常显著，故不宜作为生产上检验肉品鲜度质量的依据。氨的定量测定在新鲜肉和次鲜肉之间，将有半数出现相同的反应，该指标本身界限不明显，只能作参考用，只有当其反应指示出氨含量增高到一定程度，才有判断价值。因此，应进行综合检查，综合评定。总挥发性盐基氮的测定：蛋白质分解后，所产生的碱性含氮物质有氨、伯胺、仲胺及叔胺等，都具有挥发性。此项检验是利用弱碱氧化镁，使碱性含氮物质游离而被蒸馏出来。用 2% 硼酸（含指示剂）吸收，用标准酸溶液滴定，计算出含量；或者利用弱碱饱和碳酸钾溶液，使碱性含氮物质游离扩散，被 2% 硼酸（含指示剂）吸收后再用标准酸溶液滴定，计算出含量。兔肉挥发性盐基氮指标为：一级鲜度 ≤ 15 毫克 /100 克肉样；二级鲜度 ≤ 25 毫克 /100 克肉样。

（四）兔肉的细菌检验

检验兔肉的细菌污染情况，是判断其新鲜度的依据，也是反映兔肉在产、运、销过程中的卫生状况，为及时采取有效措施提供依据。

1. 一般检验法

采样：依据国家标准《食品卫生检验方法——微生物学部分》规定：如系屠宰后的畜肉可于开膛后，用无菌刀采取两腿内侧肌肉 50 克（或劈半后采取背最长肌 50 克）；如系冷藏或售卖之生肉，可用无菌刀取腿肉或者其他肌肉 50 克。采取检样后放入无菌容器内，立即送检，条件不许可时，最好不超过 4 小时，送样时应注意冷藏，不得加入任何防腐剂。样品处理：先将样品放入沸水中，烫 3~5 秒（或烧灼）进行表面灭菌，再用无菌剪刀剪碎后，加入灭菌沙少许，进行研磨，研磨随后加入灭菌水 100 毫升，混匀后为 1∶10 稀释液。如样品是冻肉则可用电钻法采取。

2. 表面检验法

取 50 厘米^2 消毒滤纸（可剪成数块分别粘贴），滴加适量灭菌生理盐水，用无菌刀将滤纸贴于被检肉的表面，持续 1 分钟，取下后投入装有 100 毫升无菌生理盐水和带有玻璃珠的 250 毫升三角瓶内，或将取下的滤纸投入放有一定量无菌生理盐水的试管内，送至实验室，按 1 厘米^2 滤纸加盐水 2 毫升的比例补足，强力振荡，直至滤纸成细纤维状备用。或用拭擦法采样，先准备好采样孔板和灭菌过的纱布，或棉拭，以海藻酸钙纤维拭子为好，因为海藻酸钙纤维能在 10% 六偏磷酸钠溶液中全部溶化，且对细菌无毒，不影响细菌计数和采样孔板。孔板一般用白铁皮或铝皮，中央挖有一定面积的四方孔或长方孔。采样时选择好采样点，先将孔板在火焰上灭菌，冷却后紧贴采样点的表面将灭菌小纱布用无菌盐水浸湿，擦拭露出方孔的肉表面，投入贮有 100 毫升无菌盐水，或 0.1% 蛋白胨水的广口瓶内洗 5 分钟。如用棉拭，须先用无菌的 0.1% 蛋白胨水润湿，涂抹 10 次或 30 秒，然后剪断拭子投入稀释液，充分振荡后备用；若用海藻酸钙纤维拭子，则投入并溶化于 10% 六偏磷酸钠稀释液内，摇匀后再作稀释。

3. 鲜肉压印片镜检

采样：可从胴体前后肢覆盖有筋膜的肌肉割取瘦肉；肩胛前或股前淋巴结及其周围组织；病变淋巴结、浮肿（浆液浸润）组织，可疑脏器（肝、脾、肾）的一部分；大块肉则从瘦肉深部采样，盛于灭菌培养皿。评定方法：新鲜肉一个视野中只有 1 个细菌；次鲜肉有 20~30 个；变质肉大于 30 个，且以杆菌占多数。鲜肉细菌总数为 1 万 / 克以下；次鲜肉为 1 万 ~100 万 / 克；变质肉为 100 万 / 克以上。在胴体或淋巴结中，如发现鼠伤寒或肠炎沙门氏菌，那么全部胴体和内脏应作工业用或销毁；仅在内脏发现此类细菌时，废弃全部内脏，胴体切块后，进行高温处理；胴体或淋巴结中发现沙门氏菌属的其他细菌，内脏作工业用或销毁，胴体高温处理。

二、皮产品检验与处理

（一）兔皮的质量要求

獭兔毛皮品质的优劣主要依据为皮板面积、质地、被毛长度、密度和被毛色泽等。

1. 被毛密度

被毛密度是评定獭兔毛皮质量的第一要素。被毛密度与毛皮的保暖性能有很大关系，因此，要求密度越大越好。现场测定兔毛密度的方法是逆向吹开被毛，形成漩涡中心，根据漩涡中心所露皮肤面积大小来确定其密度。看不到皮肤或皮肤不超过 4 毫米^2（约大头针头大小）为极好，不超过 8 毫米^2（约火柴头大小）为良好，不超过 12 毫米^2 为合格。测定兔毛密度，最准确的方法是取皮肤切片测定毛囊数，但这种方法会破坏獭兔皮的完整性，影响加工和使用。四川省草原科学研究院研发一种快速检测仪，可快速测定獭兔被毛密度和细度。

据测定，獭兔被毛密度每 1 厘米^2 为 1.6 万 ~3.8 万根，母兔被毛密度略高于公兔，从不同部位看则以臀部被毛密度最大，背部次之，肩部最差。影响獭兔被毛密度的主要因素，除遗传因素外，主要受营养、年龄和季节的影响。营养条件越好，毛绒越丰厚；青壮年兔比老龄兔丰厚；冬皮比夏皮丰厚。饲养管理不善、忽视品种选育等，均会影响被毛的密度。

2. 被毛长度及平整度

评定獭兔毛皮品质的重要指标之一是要求被毛长度均匀一致。据测定，獭兔被毛的长度为 1.4~2.2 厘米。影响兔毛长度和平整度的主要因素有营养水平、取皮时间、性别等。营养条件越差，被毛越短且戗毛含量高；未经换毛的毛皮，戗毛含量往往高于换毛后的适龄皮张；从不同性别看，似有公兔毛略长于母兔毛的趋向。在鉴定时，将左手按压皮板头部，右手按皮板下方，用力一抖，观察皮毛表面是否平整和长短一致。如果皮毛还未长齐，即可看出表面凹凸不平，品质较次。

3. 皮板面积

毛皮面积的大小关系到商品的利用价值，在品质相同的情况下，面积越大则利用价值越高。量皮的方法：长度是从颈中部量起直至尾根；宽度测量前肢后缘的胸围宽度。长、宽相乘即为皮的面积。评定面积的要求是，凡等内皮均不能小于 0.111 1 米^2，达不到标准者就要相应降级。要达到 0.111 1 米^2 的规格，獭兔活重需达 2.75~3 千克。鲜皮、皱缩板在评定时应正确测量，酌情伸缩，撑拉过大的皮张一律降级或作次皮处理。

4. 皮板质地

评定皮板质地的基本要求是皮板洁白，厚薄适中，质地坚韧，无刀伤、虫蛀及色素，被毛附着牢固，色泽鲜艳。青年兔在适宜季节取皮，板质一般较好；老龄兔取皮则板质比较粗糙、过厚。部分毛皮板质不良，厚薄不均，多因饲养管理粗放，剥取技术不佳或晾晒、贮存、运输不当等所致，严重者多无制裘价值。据测定，獭兔皮张厚度为 1.72~2.08 毫米，以臀部最厚，肩部最薄。

5. 被毛色泽

评定被毛色泽的基本要求是符合品种色型特征，纯正而富有光泽。色泽的纯正度主要受遗传、年龄的影响。品种不纯的有色獭兔，其后代容易出现杂色、色斑、色块和色带等异色毛；由于年龄不同，其色泽也有很大差异，獭兔一生以 5 月龄至周岁前后色泽最为纯正而富有光泽；4 月龄前的青年兔及 3 岁后的老年兔，毛皮色泽多淡而无光，有色獭兔的毛皮色泽多随年龄增长而逐渐变淡，且失去光泽。此外，管理不善、营养不良、疾病等因素均会影响被毛的色泽。

6. 伤残

伤残缺陷直接影响到皮张的利用价值。鉴别伤残缺陷时，应根据软伤与硬伤，伤残数量的多少、面积大小、分散还是集中等，全面衡量影响皮张质量的程度。

（二）影响獭兔毛皮品质的因素

从生产实践看，剥皮季节、宰杀年龄、种质、饲养管理与病害、加工、贮存条件、性别等因素，均可影响獭兔毛皮品质的优劣。

1. 剥皮季节

冬季气候寒冷，兔体的被毛浓密，而且颜色与光泽也最好，所以每年11月以后到冬至前，最适宜取皮。剥皮季节对青年獭兔而言影响不大，对成年兔、老龄淘汰兔则影响较大，一般以冬皮品质最佳。因此，成年兔或老龄淘汰兔的剥皮季节最好选择在秋末或冬季，要少剥春皮，禁剥夏皮。

2. 宰杀年龄

一般来讲，成年兔皮的质量比幼龄兔皮和老龄淘汰兔皮好。4月龄前的幼龄兔，因绒毛不够丰满，胎毛褪换未尽，毛粗绒稀，板质轻薄，商品价值不高；5~6月龄的壮年兔，绒毛浓密，色泽光润，板质结实，厚薄适中，质量最佳；老龄兔皮板质厚硬、粗糙，绒毛空疏、枯燥，色泽暗淡，商品价值很低，而且毛皮品质有随产仔胎次增加而逐渐下降的趋势。换毛期的兔皮，老毛纷纷脆断，新毛尚未长成，毛皮品质极为低劣，此时期不适宜屠宰取皮。因宰杀年龄或取皮季节不当而产生的毛皮缺陷，主要有松针皮和龟盖皮。

3. 种质因素

种质因素是决定獭兔毛皮质量的关键因素之一，如品种遗传性不稳定，除出现异色个体外，其后代被毛中极易出现杂色、色斑、色带、锈色和吊肚等缺陷。

4. 饲养管理与病害

饲养管理对毛皮品质影响很大。饲料中蛋白质不足往往会导致短毛和引起毛纤维强度下降；维生素和微量元素缺乏，常会导致被毛褪色、脆弱，甚至产生褪毛现象。另外，营养不良往往会引起獭兔生长受阻，体型瘦小，导致皮板面积不符合等级皮要求。因饲养管理不当和疾病而导致的缺陷皮，主要有尿黄皮、伤疤皮和癣癫皮等。

5. 加工因素

加工不当常会产生刀洞、歪皮、偏皮、缺材、撑板和折裂伤、皱缩板等，严重影响獭兔毛皮品质。

6.贮存条件

毛皮因贮存保管不当，常会出现陈皮、烟熏、油烧、受闷、霉烂、中心蛀等现象，严重影响毛皮品质。

7.性别影响

在其他条件相同的情况下，性别对獭兔毛皮品质亦有明显的影响。4~5月龄宰杀的公兔皮一般比母兔皮的张幅大、皮板厚、被毛粗。性成熟后的公兔皮则皮张更厚，被毛更粗，毛绒更稀，板质更为松弛，缺乏弹性，故公兔的毛皮质量差于母兔皮。但母兔皮张品质随产仔胎次的增加而明显下降，产仔胎次越多，毛皮品质越差。

（三）商品獭兔的质量鉴别方法

由于目前毛皮质量快速检查仪器尚在研发阶段，商品獭兔的质量鉴别主要靠在实践中总结经验，可概括为"一查二看三摸四吹五称"的鉴别要领。

一查：指查月龄。一般商品獭兔最佳取皮时间是5.5月龄。此时，只要獭兔被毛符合取皮条件，这时即可取皮。但往往收购中难于掌握。

二看：指看獭兔的整体外貌。主要看被毛是否平整，有无旋毛、缠结毛和高低毛，是否处于换毛期，体重是否符合取皮要求。

三摸：指獭兔皮肤有无伤疤，感觉被毛丰厚度。手摸感觉肌肉丰满、皮肤紧凑、被毛丰厚、被毛弹性好为优，反之为差。

四吹：指用嘴吹开被毛。视看见皮肤露出面积大小，确定被毛密度等级。露出皮肤面积越大，说明被毛越稀疏，以不见皮肤或略见皮肤为优。

五称：指称重。一般2.5千克獭兔符合三级皮张面积要求，2.75千克符合二级皮张面积要求，3千克以上符合一级皮张面积要求。在獭兔被毛质量一致的前提下，体重每提高0.25千克，皮张上一个等级。

（四）生皮的质量鉴定

鉴定獭兔皮质量的方法，主要通过一看、二抖、三摸等步骤。一看：就是用一手捏住兔皮的头部，另一手执其尾部，仔细观察毛绒、色泽的板质等。一般先看毛面，后看板面，观察被毛的粗细、色泽、皮板、皮形是否符合标准，有无瘀血、损伤、脱毛等现象。二抖：就是用一手捏住头部，另一手执其尾部，然后用捏住尾部的手上下轻轻抖动毛皮，观察被毛长短、平整度，确定毛脚软硬。春秋季剥制的兔皮或宰杀、剥制、加工过程中处理不当引起脱毛的兔皮，抖皮过程中会出现毛绒脱落现象。脱毛皮应一律降级处理。三摸：就是用手指触摸毛皮以鉴别被毛弹性、密度及有无旋毛等。其方法是用手插入被毛，凭感觉检查其厚实程度和被毛弹性等。

第八章

獭兔场粪污的综合治理方案

第一节　獭兔粪污无害化处理及综合利用

一、粪污对生态环境的污染

畜禽养殖产生的污染已成为我国农村地区面源污染的主要来源，规模化畜禽养殖业污染呈现三大突出问题：一是粪便排放量大；二是畜禽污染物波及面广且危害大，畜禽粪便的 COD（化学需氧量）排放量已远远超过工业与生活污水排放之和；三是呈现较为严重的生态压力。

畜禽粪便对环境与人类的危害主要有水体污染、大气污染、传播病菌和危害农田生态环境等。畜禽粪中含有大量的病原菌和有害微生物。目前已知，全世界有"人畜共患疾病"250 多种，我国有 120 多种，其传播途径主要是通过患病动物的排泄物、废水等污染物。规模化养殖存在环境卫生不足的问题，其畜禽粪尿中含有大量的寄生虫和病原菌等，对土壤、作物有着潜在的威胁。畜禽粪便的污染有 25%~30% 能直接或间接进入人体。

相对猪、鸡、牛、羊等畜禽，家兔因其排泄量小，养殖规模小，兔场对环境污染的报道较少，但随着规模化、集约化兔场的不断发展和家兔区域养殖规模不断增大，兔粪对环境的污染也不容小视。据统计，1 只兔饲养期内粪便排泄量为 28.8 千克，2010 年我国家兔年出栏 4.65 亿只，则产生粪便 1339.20 万吨，可见兔粪如果没有合理有效的处理方法，势必对环境造成较大的污染。

二、解决粪污的主要途径

国家环境保护部 2014 年发布了《畜禽养殖污染防治条例》，指出畜禽养殖污染防治实行综合利用优先，资源化、无害化、减量化的原则，采取将畜禽养殖废弃物进行还田、生产沼气、制造有机肥料、制造再生饲料等方法进行综合利用。

焚烧、填埋、干燥（主要用于鸡粪）等是世界各国处理有机固体废弃物的传统方式，但这些处理方式不仅费用昂贵，浪费资源，且会对环境造成二次污染，已逐渐被禁止使用。目前，将畜禽粪便进行堆肥化处理是有效利用畜禽资源的主要方式之一。通过堆肥处理，新鲜粪便中的有机物趋于稳定，病原菌、寄生虫和野草子被杀灭，从而变成了环境友好的有机肥料。

兔粪是一种高效优质的有机肥料原料，一只成年兔每年可积肥约100 千克，10 只成年兔的粪肥相当于一头猪的积肥量。兔粪中的氮、磷、钾含量高于其他家畜，其中氮含量是鸡粪的 1.53 倍、羊粪的 3.29 倍、猪粪的 3.83 倍；磷含量是鸡粪的 2.88 倍、羊粪的 4.6 倍、猪粪的 5.75 倍；钾含量是鸡粪的 1.6 倍、羊粪的 2.67 倍、猪粪的 2 倍。每吨兔粪相当于硫酸铵 108.5 千克，过磷酸钙 100.9 千克，硫酸钾 17.85 千克。利用兔粪堆肥既可解决兔场粪尿污染，又可提供优质有机肥料，缓解我国目前有机肥料不足的问题。

三、獭兔粪尿的综合利用技术

（一）沼气发酵

在常年养兔情况下，饲养 20 只种兔规模的兔场，沼气池容量以 10 米^3 为宜。随兔场规模增大，沼气池容量相应增大（图 8-1）。沼气池的修建需由持国家"沼气生产工"职业资格证书的专业施工人员指导修建，无资格证的不得从事沼气池的修建。

獭兔粪尿在沼气池进行厌氧发酵，经过微生物发酵作用，能产生大量的甲烷气，可用于兔场照明、烧水、煮饭等，发酵后沼液和沼渣含有

较丰富的营养物质，可用作肥料。

沼气的主要成分有甲烷和二氧化碳，还含有少量的一氧化碳和硫化氢等气体。因为其具有可燃性、可爆炸性、可窒息性，所以加强日常安全管理十分重要。养殖户用兔粪生产沼气时，第一要建好沼气池。建好的沼气池要保证不漏气、不漏水。第二是投料，用兔粪做发酵原料时，要加入一定量的水，同时要在池内加入高于20%~30%的接种物，封好盖，4~7天，pH值在7~8就会产沼气，排放两次杂气后就可以使用。但是，在粪坑内放置时间过长的粪不可再投入沼气池使用，如果投入，或是产气慢或是不产气。在加接种物时一定要找发酵很好的池子里的沼液，不可用还没有发酵好的沼液。第三是加强管理。勤进料、勤出料。沼气池发酵20天后，开始加入新粪，8米^{3}沼气池每天应进20千克的新鲜兔粪便。进多少、出多少，禁止大出料，以免影响产气。加强日常搅拌，可每天利用抽渣活塞或木棒搅动料液10分钟以上，促进发酵，提高产气率。经常观测压力变化情况，当沼气压力达到9千帕以上时，应及时用气或放气，以免压力过大损坏压力表和池体。经常检查各接口、管路、用具是否密封、损坏、老化、堵塞，发现问题及时检修。加强越冬管理，入冬前应在池外加盖保温膜，确保冬季正常产气。第四是使用。启动初期所产气体为废气，不能燃烧，应排放废气7天，每天排放30分钟以上。使用灯、灶具前，应认真阅读使用说明，规范操作。日常注意及时清理灯、灶具上的杂物，保持清洁。

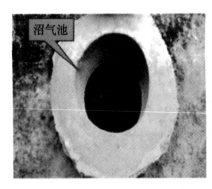

图8-1　粪污沼气发酵

（二）通过堆肥生产有机肥料

1. 兔粪堆肥的目的

堆肥是指在人工控制下，在一定的水分、碳氮比（C/N）和通风条件下通过微生物的发酵作用，将废弃有机物转变为肥料的过程。通过堆肥化过程，有机物由不稳定状态转变为稳定的腐殖质，其堆肥产品不含病原菌，不含杂草种子，而且无臭无蝇，可以安全处理和保存，是一种良好的土壤改良剂和有机肥料。兔粪堆肥即利用兔粪或兔粪和其他辅料进行配合调节水分至 50%~60%、C/N 为 25~35，在通风条件下进行微生物发酵，通过高温杀灭兔粪和辅料中病原菌和杂草种子，同时通过微生物的发酵使堆料中有机物转变成稳定的腐殖质，变成利于作物吸收和利用的环境友好型有机肥料。

2. 兔粪堆肥的原料选择

通过试验表明，兔粪本身的 C/N 决定了兔粪可以单独进行堆肥，但要注意调节兔粪的水分至适当水平。在生产中也可适当加入其他辅料进行配合，如在兔粪中加入粉碎稻草、米糠、麦麸、锯末面、菌渣等进行堆肥。通过试验表明兔粪与辅料的比例分别为 7.5:1、3:1、2.5:1、4:1、2.6:1 时均能正常发酵，但在生产中需根据使用的兔粪和辅料的水分含量而进行调整，另外不同地区的兔粪和辅料的 C/N 可能有所不同，规模化兔场进行兔粪堆肥应对原辅料的水分和 C/N 进行测定后再确定具体配合比例。

3. 兔粪堆肥方式

兔粪堆肥方式视处理规模而定，对于农户而言可采用小堆体堆肥方式，具体方法是将配比混合好的兔粪和辅料每堆 300~500 千克，堆在孔径约为 0.5 毫米纱网上，纱网离地面约 10 厘米，堆成近似半球形或锥形的堆体，堆体高度 1~1.5 米，直径 1~1.5 米，整个堆制过程 40~60 分钟，由于堆体较小，并且底部可以通风进气，所以中途不用进行翻堆，但应注意防雨，有条件的可在室内或大棚内进行堆肥。

对于规模养殖户或养殖场而言，可采用条垛式堆肥（图 8-2）。具体方法是将配比混合好的兔粪和辅料堆制成长条状堆体，截面为梯形或

三角形，底部宽约 1.5 米，高 1~1.5 米，堆体长度视原料多少而定。发酵过程中根据温度情况进行人工翻堆或者采用堆肥专用翻堆机翻堆，以便提供氧气和控制温度，堆肥化过程中，堆体温度应控制在 45~65℃。一般水分和 C/N 调节得适宜的堆体，在温度超过 65℃后即可进行翻堆，以后在温度降至 45℃以下时，再进行 2~3 次翻堆后就可让堆体静置进入二次堆肥阶段，也叫后熟或陈化阶段。

图 8-2　条垛式堆肥

4. 影响兔粪堆肥效果的主要因素

影响兔粪堆肥效果的因素主要有 4 个，即水分、C/N 比、温度、通风供氧。

（1）水分　堆肥过程中，水分是一个重要的因素。主要作用是：① 溶解有机物，参与微生物的新陈代谢；② 可以调节堆肥温度，如堆肥温度过高，通过水分蒸发可以带走大量热量，使温度降下来。水分过高或过低对兔粪堆肥效果来说都不好，水分过高会堵塞堆料中的孔隙，影响通风，导致厌氧发酵，减慢降解速度，从而影响堆制的进程和产品的质量；水分过低，则不利于微生物生长繁殖，使微生物脱水死亡，影响堆肥速度。原料适宜的水分含量为 50%~60%。

（2）C/N 比　就微生物对营养的需要而言，较适宜的 C/N 为 25 左右。C/N 过高或过低都不利于微生物繁殖，影响微生物活动和有机物分解，合理地调节堆肥原料中的 C/N，是加速堆肥腐熟、提高腐殖化系数的有效途径。兔粪的 C/N 符合堆肥 C/N 要求，如果生产中采用粪尿分离，收集的兔粪水分在 60% 左右，可直接用于堆肥。

（3）温度　温度是堆肥能否顺利完成的重要因素。它制约着微生物的活性及有机质的分解速度，直接影响堆肥的腐殖化程度。堆体温度在55℃条件下保持3天，或50℃以上保持5~7天，是杀灭堆肥中所含致病菌，保证堆肥的卫生指标合格和堆肥腐熟的重要条件。堆体温度的高低受通风量和堆体含氧量的影响。有资料表明，堆肥化过程中，堆体温度应控制在45~65℃，55~60℃较好，不宜超过60℃。由于堆肥化是个放热过程，在高温阶段，温度可达75~80℃。温度过高会影响大部分微生物的生长繁殖，微生物会大量死亡或进入休眠状态，因此，常采用调整通风量的办法来控制温度。

（4）通风供氧　通风供氧是高温堆肥成功的关键因素之一。通风是供氧的主要方式，通风供氧的速度决定着堆肥物质的转化速率，通风量影响微生物活性及有机物的分解速度。通风可通过调节混合物料的孔隙率和通气量达到，通气量可通过调节风机选型（强制通风工艺）或翻堆频率（翻堆工艺）或堆体与空气的接触面积（适用于小农户堆制小堆体被动通风工艺）来达到。而孔隙率跟调理剂的粒度密切相关，当调理剂的粒度大，则堆体的孔隙率大，反之，则小。堆肥中常用的调理剂有稻草、稻壳、米糠、菌渣、锯末面等。未经粪尿分离的新鲜的兔粪，因为被兔尿和水浸泡含水率很高，调理剂不但可以改善堆料的孔隙率，还能起到调节物料湿度的作用。

5. 兔粪堆肥腐熟参考依据

（1）表观特征　经过高温堆肥发酵后，兔粪堆体呈棕褐色且无臭味，不再吸引蚊蝇，堆肥产品呈现疏松的团粒结构。

（2）温度变化　堆肥的温度变化是反映发酵是否正常最直接、最敏感的指标，高温期维持5天以上，即能达到粪便无害化卫生标准的要求。

（3）C/N、大肠杆菌以及种子发芽指数的变化　C/N降至20左右，大肠杆菌数量在100cfu/克以下，种子发芽指数在0.8以上，即达到完全腐熟的标准。在生产实践中，这几项指标只有通过实验室检测才能确定，但据试验表明，经过22天的一次发酵，C/N基本降至20左右，大肠杆菌数量能达到100cfu/克以下的标准，种子发芽指数则要37天以

后才能达到 0.8 以上，因此在生产上基本可根据表观特征和温度加上发酵时间来进行大体判断。

第二节　病死兔的无害化处理方案

一、深埋

深埋法是一种简单的处理方法（图 8-3），费用低且不易产生气味，但埋尸坑易成为病原体的贮藏地，并有可能污染地下水。因此必须深埋，而且要有良好的排水系统。

图 8-3　深埋法处理

二、焚烧

焚烧法是一种传统的处理方式（图 8-4），是杀灭病原体最可靠的方法。可用专用的焚尸炉焚烧病死兔尸体，也可利用供热的锅炉焚烧。但近年来，许多地区制定了防止大气污染的条例或法规，限制焚烧炉的使用。

图 8-4　焚烧法处理

参考文献

[1] 刘汉中. 獭兔日程管理及应急技巧 [M]. 北京：中国农业出版社，2011.

[2] 范成强等. 獭兔高效养殖与初加工 [M]. 成都：四川天地出版社，2008.

[3] 国家畜禽遗传资源委员会，中国畜禽遗传资源志特种畜禽志 [M]. 北京：中国农业出版社，2012.

[4] 杨正. 现代养兔 [M]. 北京：中国农业出版社，1999.

[5] 李福昌. 兔生产学 [M]. 北京：中国农业出版社，2009.

[6] 李福昌. 家兔营养 [M]. 北京：中国农业出版社，2009.

[7] 谷子林. 薛家宾. 现代养兔实用百科全书 [M]. 北京：中国农业出版社，2007.

[8] 赖松家. 养兔关键技术 [M]. 四川：四川科学技术出版社，2003.

[9] 陶岳荣. 家兔良种引种指导 [M]. 北京：金盾出版社，2004.

[10] 张玉等. 獭兔饲养技术 [M]. 北京：中国农业出版社，1999.

[11] 李季，彭生平. 堆肥工程实用手册 [M]. 北京：化学工业出版社，2005.

[12] 宋育. 养兔全书 [M]. 成都：四川科学技术出版社，2000.